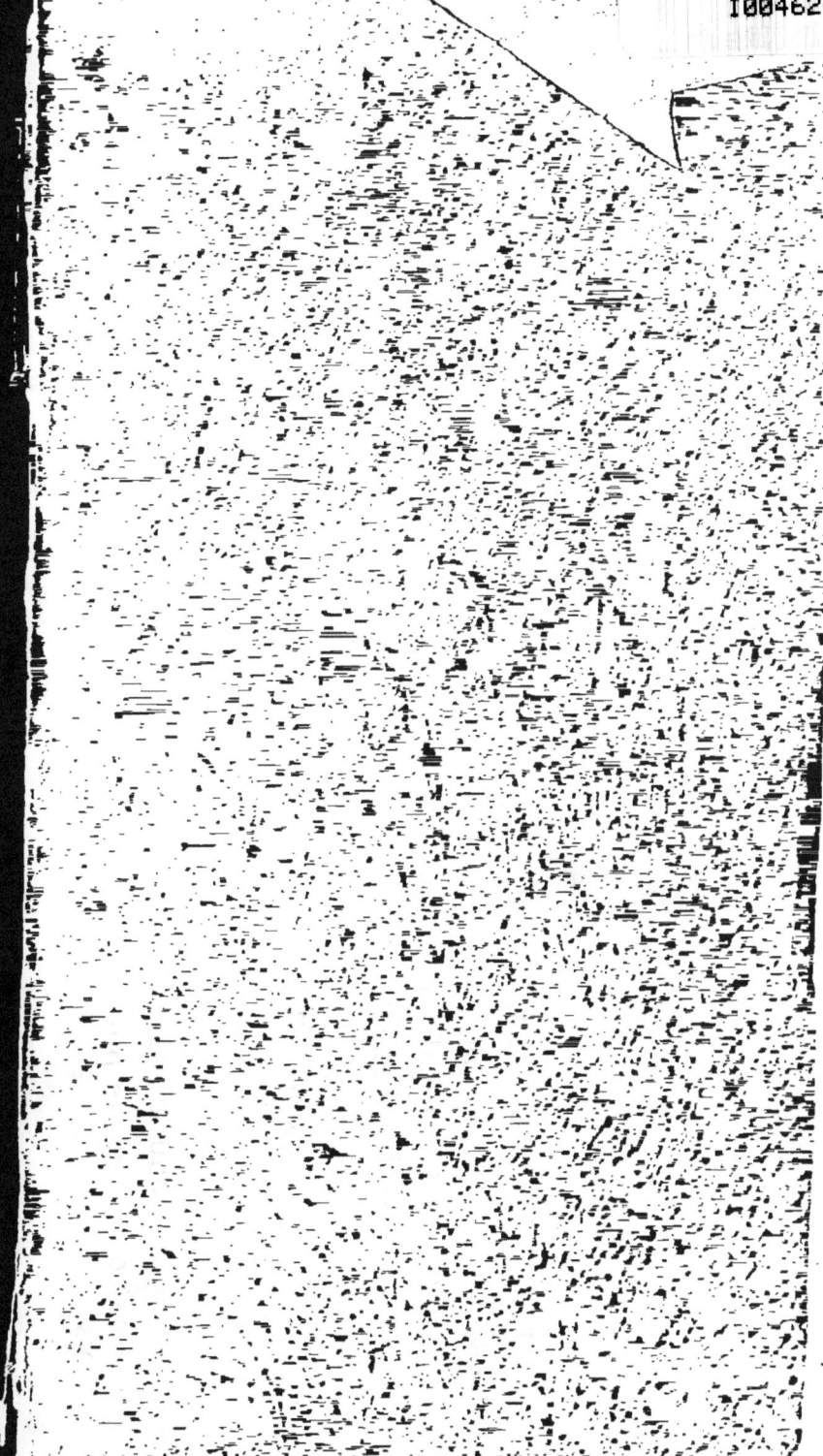

porté à croire universelle
tribus qui n'ont pas assez d
opposer un vêtement de p
aux rigueurs des frimats. L
surnomme libre, policé, ph
aux pieds l'Indien paisible
des fables religieuses, reste
plus douce et plus humaine
leure à laquelle puissent i

rait-il pas encore un peuple qui n'au-
pas le degré de civilisation des peuples
rope? Ne ferait-elle plus partie de
anité la nation qui serait déchue du
où les arts et les sciences l'auraient
se?

e qu'un obstacle insurmontable rend
ssible, ne le deviendrait pas davan-
quand vingt obstacles de plus s'y op-
saient. D'après ce que j'ai dit

LE PLUTARQUE

DE

LA JEUNESSE.

LE PLUTARQUE

DE LA JEUNESSE,

OU

ABRÉGÉ DES VIES

DES PLUS GRANDS HOMMES

DE TOUTES LES NATIONS,

DEPUIS LES TEMPS LES PLUS RECULÉS
JUSQU'A NOS JOURS;

Au nombre de 212, ornées de leurs portraits;

OUVRAGE ÉLÉMENTAIRE,

*propre à élever l'ame des jeunes gens, et
à leur inspirer des vertus.*

RÉDIGÉ PAR PIERRE BLANCHARD.

SECONDE ÉDITION, REVUE ET CORRIGÉE.

TOME TROISIÈME.

A PARIS,

Chez LE PRIEUR, Libraire, rue St-Jacques,
N°. 278.

AN XII. — 1804.

œ ι
lrai
pas
rop
ιan
οι
e ?
le c
ssil
qua
aiei
pa
bg

LE PLUTARQUE

DE LA JEUNESSE,

OU

VIES DES PLUS GRANDS HOMMES

DE TOUTES LES NATIONS.

BERTRAND DUGUESCLIN,

CONNÉTABLE DE FRANCE,

Né l'an 1311, et mort en 1380.

Bᴇʀᴛʀᴀɴᴅ Dᴜɢᴜᴇsᴄʟɪɴ naquit en Bretagne, l'an 1311, d'une famille noble. Son inclination et son génie guerrier se décidèrent dès son enfance: toujours en action, il ne se passait pas de jour qu'il n'eût donné ou reçu des coups. *Il n'y a pas de plus mauvais garçon au monde*, disait sa mère; *il est toujours blessé, le visage déchiré, toujours battant ou battu; son*

A 3

père et moi nous le voudrions voir sous terre. La nature, en le traitant bien du côté des forces et du courage, l'avait assez mal favorisé pour le reste ; c'était un homme d'une taille forte, épaisse, ayant les épaules larges et les bras nerveux, mais une figure peu agréable quoiqu'expressive. *Je suis laid,* disait-il ; *ce n'est pas ce qu'il faut pour plaire aux dames, mais je saurai au moins épouvanter les ennemis de la France.* Il ne voulut connaître que la guerre, et ses parens, en nobles barbares, crurent comme lui que cela suffisait : Duguesclin ne sut jamais ni lire ni écrire ; il traitait ses maîtres comme ses ennemis, il les battait. A la vérité l'ignorance, dans ces temps, était un des attributs de la noblesse ; un gentilhomme qui se fût avisé d'apprendre quelque chose, eût à coup sûr été méprisé par les grossiers personnages de son ordre : tant l'orgueil est sot dans son dédain ou son estime ! Heureusement que Duguesclin avait reçu le génie qui devait le distinguer, car il fut obligé de trouver tout en lui-même.

A quinze ans il commença à faire connaître ce qu'il serait. On célébrait à Rennes une fête où devait avoir lieu un tournoi. Le jeune homme desirait vivement d'y assister ; mais son père le lui avait défendu : malgré cette défense, il emprunta le cheval d'un meûnier, monta dessus tout armé, partit, arriva à Rennes, et se mêla parmi les chevaliers sans se faire connaître. Sa force et son adresse attirèrent bientôt tous les regards sur lui ; il renversa quinze à seize chevaliers ; enfin *Regnault Duguesclin* se présente ; à la vue de son père, le jeune homme jette sa lance et tombe à genoux, comme pour implorer son pardon. Il n'eut pas de peine à l'obtenir ; le père se trouva trop heureux d'être ainsi désobéi, et il remercia le ciel d'avoir un fils qui, dans un âge si tendre, promettait de devenir le premier guerrier de son siècle.

Depuis cette époque, Bertrand ne quitta plus les armes, et ne cessa point de donner des preuves de son courage : il prit par surprise le château de Fougerai, fit lever le siége de Rennes au duc de Lancastle. Pendant ce siége, un vaillant chevalier anglais, nommé *Guillaume de Blancbourc*, l'ayant appelé au combat, fut vaincu par lui à la joûte. A Dinan, il combattit en champ-clos, et vainquit *Thomas de Cantorbie*, qui, malgré la trève, avait fait prisonnier son jeune frère *Olivier Duguesclin*. Ayant pris plusieurs autres forteresses sur les Anglais, il fut fait gouverner de Guingant. Il vint ensuite au secours de *Charles*, duc de Normandie, fils aîné de France et régent du royaume en l'absence du roi *Jean* son père, qui pour lors était prisonnier en Angleterre. L'arrivée de Bertrand fit changer la face des affaires : il força la ville de Melun à se soumettre, et rendit la Seine libre; plusieurs autres places rentrèrent dans l'obéissance.

Charles V ayant succédé à son père, en 1364, récompensa ses services comme ils le méritaient, et n'en fut que mieux servi. Dans le même temps, Duguesclin, à qui Charles avait confié le commandement des armées, remporta sur le roi de Navarre la bataille de Cocherel, près du village de ce nom. Il prit de sa main le captal de Buch, qui commandait les Navarrois. Un moment avant la bataille, le héros courant de rang en rang, inspira à ses soldats le courage qui l'animait. *Pour Dieu, mes amis, s'écriait-il, souvenez-vous que nous avons un nouveau roi de France ! que sa couronne soit aujourd'hui étrennée par nous !* Les victoires de Duguesclin accélérèrent la paix entre le roi de France et celui de Navarre. Il eut en récompense le comté de Longueville et la charge de maréchal de Normandie. Son nom alors était déjà en tel honneur, que seul il faisait trembler les ennemis de la France.

Après cette guerre, il alla en Bretagne au secours de *Charles de Blois,* contre le *comte de Montfort.* La bataille d'Orai fut funeste à Charles de Blois, qui y perdit la vie, et à Duguesclin, qui, succombant au nombre, fut fait prisonnier. De Montfort s'étant accordé, Duguesclin fut remis en liberté, et vint à Paris pour marcher de là au secours de *Henri,* comte de *Transtamare,* qui avait pris le titre de roi de Castille, contre *Pierre le Cruel,* son frère, possesseur de ce royaume:

il fit diverses conquêtes sur ce prince, lui ravit la couronne, et l'assura à Henri. Ce monarque lui donna cent mille écus d'or, avec le titre de connétable de Castille.

Bertrand revint alors en France pour défendre sa patrie contre les Anglais. Dans la Guyenne il réduisit les forteresses et villes de Brandomme, Santyré, Monpanon, Maufenay, et plusieurs autres ; après quoi il s'en fut à Paris, où le roi le reçut avec de grands témoignages de joie, et lui donna l'épée de connétable, que le seigneur de *Fienne* avait rendue de son plein gré, à cause de sa vieillesse, en conseillant au roi de la mettre entre les mains de Duguesclin, comme étant le guerrier qui pouvait la porter avec plus de gloire pour le roi et pour l'état.

Notre héros confirma de nouveau la bonne opinion que l'on avait de lui. Comme le trésor royal était à-peu-près vide, Bertrand, qui aimait plus sa patrie que ses richesses, vendit sa vaisselle d'or et d'argent, les joyaux qu'il avait reçus en Espagne, et même une partie de ses terres, pour lever et payer des troupes, qu'il conduisit aussitôt en Normandie contre les Anglais. Il les attaqua contre Pontvalin, et les défit entièrement après un combat terrible. Dans ces temps où la force et le courage tenaient presque lieu d'art militaire, Duguesclin se montrait toujours le plus intrépide, et s'attachait toujours aux ennemis les plus remarquables : dans cette bataille il prit de sa main *Thomas de Grandson*, général des Anglais. Il rangea le Poitou et la Saintonge sous l'obéissance de la France : il ne resta aux Anglais que Bordeaux, Calais, Cherbourg, Brest et Bayonne. Il revint ensuite à Paris, mécontent de ce que quelques lâches courtisans avaient essayé de le mettre mal dans l'esprit du roi. Ayant dissipé par sa franchise les nuages que l'envie avait élevés, il repartit bientôt pour se rendre en Espagne ; mais la mort arrêta le cours de ses projets et de sa gloire.

Comme il assiégeait Châteauneuf-Randon, en Auvergne, il tomba malade et mourut, l'an 1380, dans sa soixante-neuvième année. Quelques momens avant d'expirer, il dit aux plus vieux capitaines qu'il l'entouraient, en leur faisant ses adieux : *Souvenez-vous, mes amis, que je vous ai dit mille fois, qu'en quelque pays qu'on porte les armes, le guerrier ne doit jamais traiter comme ennemis les gens d'église, les femmes, les enfans, les vieillards et le pauvre peuple, qui sont sans défense.* C'était par des sentimens aussi humains que Duguesclin se faisait autant estimer des étrangers que des Français. Le jour de sa mort fut encore un jour de triomphe pour lui : le gouverneur de Randon en était venu à capituler ; il devait rendre la place le 12 juillet, en cas qu'on ne lui apportât pas de secours. Le lendemain, jour de la mort de Duguesclin, on le somma de se rendre ; il ne fit aucune difficulté de tenir sa parole, même après la mort de son ennemi : il sortit avec les officiers les plus distingués de sa garnison, et vint mettre sur le cercueil du connétable les clefs de la ville, en lui rendant les mêmes respects que s'il eût été vivant. Ce guerrier, qui avait rendu de si grands services à la France, fut inhumé avec la magnificence qu'on avait coutume

de

de déployer aux funérailles des souverains. Le roi le fit enterrer auprès du tombeau qu'il s'était fait préparer pour lui-même. Les deux idées réunies de sa bravoure et de son humanité firent une telle impression sur tous les esprits, qu'on ne l'appela par la suite que le *bon connétable ;* surnom d'autant plus honorable, qu'il annonce les plus douces vertus, quoiqu'il soit appliqué à l'un des plus braves guerriers.

CHARLES V,

surnommé LE SAGE,

ROI DE FRANCE,

Né en 1336, et mort en 1380.

———

CHARLES, fils de *Jean*, roi de France, naquit en 1336. Ce fut le premier des fils aînés de France qui eut le titre de *dauphin*. Avant d'être roi, ce prince eut occasion de montrer qu'il était digne de porter la couronne. Le roi Jean ayant, par sa faute, donné et perdu la fameuse ba-

3.   B

taille de Poitiers contre les Anglais, fut fait prisonnier et conduit à Londres. Le jeune Charles, comme l'héritier présomptif du trône, prit les rênes du gouvernement : il n'avait point encore atteint l'âge de majorité, qui alors pour les rois n'arrivait qu'à vingt et un ans. Il eut non-seulement les malheurs de son père à supporter, mais encore nombre d'obstacles à vaincre. Une conduite imprudente, pardonnable à un jeune homme sans expérience, excita la défiance contre lui. Les états-généraux qu'il avait assemblés, au lieu de lui donner les secours nécessaires pour sauver l'état prêt à périr, voulurent lui faire la loi. Deux factieux principaux conduisaient ce parti opposé ; l'un, évêque de Laon, se nommait *Lecoq* ; et l'autre, prévôt des marchands de Paris, *Etienne Marcel.* Ils firent révolter Paris, et forcèrent Charles à se retirer dans les provinces qui tenaient encore pour les rois de France. Dans le même temps les paysans se révoltèrent aussi. Cette nouvelle révolte fut nommée *la Jacquerie*, sans doute par mépris pour ceux qui l'élevèrent. « Ces malheureux, dit *Millot*, qui ne trouvaient ni repos ni sûreté dans les campagnes, se soulevèrent tout-à-coup en plusieurs endroits, et jurèrent d'exterminer la noblesse. C'était autant de bêtes féroces dont les fureurs passent toute expression. Les nobles prirent les armes, d'abord pour se défendre, ensuite pour se venger. Ce ne fut que carnage, qu'incendies dans les provinces. Les *Jacques* subirent le sort qu'ils devaient prévoir : la noblesse, exercée aux armes, les massacra de tous côtés. »

Telle était la situation de la France : la moitié de ses provinces était au pouvoir des Anglais ; son roi était prisonnier à Londres, Paris révolté, et les nobles et les roturiers se traitaient en bêtes féroces. Charles, au milieu d'un désordre aussi général, se conduisit avec une prudence qu'on ne peut trop admirer : ce fut le sauveur de la France. Quand, par son art, il eut trouvé le moyen de fortifier son parti de la faiblesse même du parti contraire, il marcha contre Paris, et le bloqua. Il avait alors l'âge de majorité, et n'agissait plus que de son propre mouvement. Marcel et

l'évêque de Laon, aidés de toute la canaille
de Paris et des prêtres, qu'on pouvait bien
mettre au même rang, se disposèrent à
résister ; mais, ne se sentant point en force,
ils complotèrent pour faire tomber la ville
et la couronne au pouvoir du roi de Navarre. Le jour marqué pour cette exécution, Marcel se rend de nuit à la porte
Saint-Antoine, qu'il devait livrer. *Jean
Maillard*, généreux citoyen, averti du
complot, l'aborde tout-à-coup, et lui reproche sa perfidie. Un démenti du prévôt
des marchands est suivi d'un coup mortel
dont Maillard lui fend la tête. L'alarme se
répand de rue en rue ; on publie la trahi-
son et la mort du coupable, on égorge ses
complices ; les Parisiens ouvrent leurs portes et vont au-devant du dauphin. On le
reçut au milieu des acclamations. Un bourgeois eut néanmoins l'impudence de lui
dire : *Pardieu, sire, si l'on m'avait
cru, vous n'y seriez pas entré ; mais on
y fera peu pour vous. On ne vous en
croira pas, beau sire*, répondit le prince
en souriant ; et il empêcha qu'on ne fît rien
à cet audacieux, que ses gardes allaient

massacrer. Il voulut qu'une amnistie générale fît oublier le passé : les chefs seuls en
furent exceptés.

Jean, qui s'ennuyait dans sa prison, fit
avec l'Angleterre un traité capable d'achever la ruine du royaume : il cédait la Normandie , le Périgord, le Querci, le Li-
mousin , le Poitou, l'Anjou , le Maine, la
Touraine , etc., avec quatre millions d'é-
cus d'or pour sa rançon. Les états con-
voqués par le jeune régent , frémirent à la
lecture de ce traité : on le rejeta unanime-
ment. En conséquence, la trève étant expi-
rée , Edouard III, roi d'Angleterre, à la
tête de cent mille hommes , rentra en
France pour étendre ses conquêtes. Une
seule bataille pouvait renverser le trône;
mais Charles était aussi prudent que son
père l'était peu ; il mit les places fortes en
sûreté, et abandonna le reste à des ravages
inévitables. Sa prévoyance ne fut point dé-
mentie : la disette et la fatigue épuisèrent
les Anglais, et Edouard en vint à de nouvelles négociations , et à des accommode-
mens moins onéreux pour la France. Jean
sortit de captivité, et n'eut qu'à se louer

3

d'un fils qui, par son habileté, lui avait conservé le trône.

Ce fut l'an 1364 qu'il succéda à son père. La France avait besoin d'un homme aussi sage pour rétablir ses affaires, ou plutôt pour la sauver d'une perte qui paraissait inévitable : elle fut aussi heureuse d'avoir produit en même temps un Duguesclin, capable d'exécuter ce que Charles avait médité. Ce roi, qui jouissait d'une très-faible santé, ne se mit point à la tête de ses armées ; mais il connaissait les hommes et les choses. Du fond de son cabinet il vint à bout, par les mains qu'il employa, de recouvrer ce que ses prédécesseurs avaient perdu par leur imprudence. Il mit Du-guesclin à la tête de ses armées, et ce gé-néral tomba dans le Maine et dans l'An-jou, sur les quartiers des troupes anglaises, et les défit toutes les unes après les autres. Nous ne suivrons pas le cours de ses avan-tages et des guerres qu'il entreprit pour lui ou pour ses alliés. Il rendit à la France son ancien lustre ; et Edouard, rongé du chagrin des pertes qu'il lui avait fait es-suyer, disait que *jamais roi ne s'était moins armé, et ne lui avait donné tant à faire.* Et cependant ce roi , qui fit de si grandes choses , eu égard aux circonstances , avait eu bien de la peine à rassembler douze cents hommes au commencement de son règne.

A l'âge de quarante-quatre ans , il fut attaqué de la maladie qui l'emporta. C'était une suite du poison que le roi de Navarre lui avait donné, lorsqu'il n'était encore que dauphin. Un médecin allemand l'avait sauvé en lui ouvrant le bras par une fistule qui donnait issue au venin. Le jour même de sa mort , ce bon roi supprima , par une ordonnance expresse, la plupart des impôts. Il le pouvait sans mettre aucune entrave aux opérations de son successeur , car il avait amassé dix-sept millions de livres de son temps ; et ce trésor, alors considérable , n'était le fruit ni des vexations , ni d'une avarice dangereuse : c'était le résultat d'une sage économie, et des soins qu'il avait pris de faire fleurir l'agriculture et le commerce. Cette économie, après le peu de moyens qu'il reçut avec la couronne , et les guerres qui accompa-

4

gnèrent son règne, est une sorte de prodige.
C'est la plus belle preuve qu'il donna de
son amour pour son peuple. Jamais prince,
dit Hénault, ne se plut tant à demander
conseil, et ne se laissa moins gouverner que
lui par ses courtisans. Il mettait son plus
grand bonheur dans le bien qu'il pouvait
faire. *Vous êtes heureux*, lui disait son
favori *Larivière*. *Sans doute*, répondit-
il, *parce que j'ai le pouvoir de faire
du bien*. Il connaissait l'importance que
l'on doit mettre à respecter les mœurs :
ayant appris qu'un seigneur avait tenu
un discours trop libre devant le jeune
Charles, son fils aîné, il chassa de sa
cour le coupable, et dit à ceux qui étaient
présens : *Il faut inspirer aux enfans
des princes l'amour de la vertu, afin
qu'ils surpassent en bonnes œuvres
ceux qu'ils doivent surpasser en dignité*. La guerre qu'il eut avec l'Angleterre fit renaître la marine, et il laissa
une flotte formidable. Ce fut lui qui fit déclarer à quatorze ans la majorité des rois,
pour remédier aux abus des régences. Les
militaires alors étaient, pendant la paix,

de véritables brigands, qui se croyaient toujours en pays ennemi. Charles fit tout ce qu'il put pour réprimer une licence aussi dangereuse. Il défendit à tout homme d'armes de se retirer sans la permission d'un officier supérieur ; de jamais rien exiger des bourgeois et des paysans, et de lever des compagnies sans une permission expresse.

Ce qui est encore étonnant dans ce siècle barbare, c'est qu'il fut le protecteur des arts et des lettres. Il disait souvent : *On ne peut trop honorer la science et ceux qui la cultivent : tant que la science sera dans le royaume, il prospérera; il tombera en décadence quand elle en sera chassée.* C'est lui, en quelque sorte, qui est le fondateur de la bibliothèque célèbre que nous possédons. Le roi Jean ne lui avait laissé que vingt-quatre volumes; il parvint à en rassembler neuf cents, parmi lesquels très-peu d'auteurs de la bonne antiquité, pas un exemplaire de Cicéron, mais beaucoup de livres d'astrologie judiciaire. C'est alors que notre poésie commença à être cultivée

5

avec quelque honneur. Les Italiens avaient déjà le *Dante*, le *Trissin*, *Pétrarque* et *Boccace*. *Froissard*, historien justement estimé, fit de mauvais vers, et n'en fut pas moins utile à notre histoire. On savait si peu ce que c'était que poésie, dans ce siècle grossier, que les poètes passaient pour des sorciers dans l'esprit de quantité de personnes, et l'inquisition leur faisait la guerre. Les romans se multiplièrent ; celui intitulé *Roman de la Rose* est le seul qui ait survécu avec honneur. On vit pour la première fois, à Paris, une grosse horloge sonnante dans la cour du Palais. C'était l'ouvrage d'un artiste allemand nommé *Henri de Wic*. Ce fut ainsi que, sous le règne du sage Charles V, les arts et les lettres prirent racine en France, où ils ont par la suite été élevés à un si haut degré de gloire. Charlemagne fut le premier de nos rois qui avait fait quelque chose pour eux ; mais la barbarie avait été plus grande que jamais sous les règnes suivans : tout était perdu ; Charles eut l'honneur de redonner naissance à tout.

COME DE MÉDICIS,

ILLUSTRE COMMERÇANT DE FLORENCE,

Né l'an 1389, et mort l'an 1464.

Ce ne fut ni par la guerre, ni par quelques-unes de ces entreprises qui changent les sociétés, que *Come de Médicis* se rendit illustre ; ce fut par un commerce immense qui enrichit Florence, sa patrie, et par une générosité qui tourna à l'avantage des arts et des lettres. Il y avait peu de princes en Europe dont les richesses approchassent des siennes, et il les devait à son activité et à son génie commercial. Quoique livré aux spéculations qui l'enrichissaient, il n'avait rien de cette sorte d'avarice et de cette petitesse de sentimens trop ordinaire aux commerçans ; son ame était aussi libérale qu'élevée : il semblait mettre sa gloire à donner, et à donner en homme sage, qui place ses bienfaits d'une manière aussi honorable pour lui, que fruc-

6

tueuse pour la société. Les artistes et les
gens de lettres trouvaient en lui non-
seulement un père, un homme qui les
encourageait, mais encore un juste appré-
ciateur de leurs talens. Les arts et les
lettres lui plaisaient autant pour l'agrément
qu'il y trouvait, que pour l'honneur qu'ils
font au pays où on les cultive. Il rassembla
une nombreuse bibliothèque, et l'enrichit
d'une quantité de manuscrits précieux.

Malgré son plaisir à faire le bien, on
ne lui pardonna pas ses richesses. Ce fut
un sujet d'envie pour plusieurs de ses concitoyens, qui parvinrent à le faire bannir
de la république de Florence. Il se retira
à Venise, où il fut reçu comme un monarque. Florence connut bientôt sa faute,
et rappela dans son sein le plus illustre
de ses citoyens. Côme fut, pendant 34 ans,
l'arbitre de sa république et le conseil de
la plupart des villes et des souverains de
l'Italie. Ce grand homme mourut à 75 ans,
en 1464. On fit graver sur son tombeau
une inscription dans laquelle on lui donnait le titre glorieux de *Père du peuple*
et de *Libérateur de la patrie*.

Christ. Colomb.

Copernic.

L'Arioste

Las Casas.

Michel Ange.

Raphael d'Urbin.

CHRISTOPHE COLOMB,

TRÈS-CÉLÈBRE NAVIGATEUR GÉNOIS,

Né en 1442, mort en 1506.

UN homme de génie suffit seul pour apporter les plus grands changemens dans le monde. *Christophe Colomb*, fils d'un simple cardeur de laine des environs de Gênes, fut cause de la plus grande révolution dans nos mœurs et nos idées. A la simple inspection d'une carte géograghique de notre hémisphère, cet homme étonnant devina qu'il existait un autre monde ; et quoique sans aucun moyen, il conçut le projet de découvrir ce monde qui semblait n'exister que dans sa tête. Ses desseins bien mûris, il crut devoir en faire part à sa patrie, afin que ce fût à elle que revînt l'honneur et l'avantage de l'exécution ; mais à peine eut-il développé ses idées, qu'on le regarda comme un visionnaire qui ne méritait que la pitié : même lorsqu'on le voyait

passer dans les rues , avec cet air rêveur
que devait lui donner le grand projet qu'il
roulait dans son esprit , les hommes les plus
sensés , portant le doigt au milieu de leur
front et secouant la tête , se disaient les
uns aux autres par ce signe , que Colomb
avait la cervelle troublée.

Ces refus et ce mépris eussent rebuté un
homme moins courageux et moins persuadé
que Colomb. Voyant sa patrie sourde à sa
voix, il fut trouver Jean II, roi de Portugal , qui ne l'accueillit pas mieux. Ces
obstacles ne firent qu'irriter le désir qu'il
avait d'exécuter son projet ; il se rendit à
la cour d'Espagne , et la reine *Isabelle* ,
plutôt inportunée que convaincue , finit
par lui accorder trois vaisseaux. Colomb
eut alors à éprouver le mépris et les
insultes de la canaille. Ce grand homme,
qui allait donner un monde nouveau à la
terre connue , partit enfin au milieu des
huées , et avec un équipage disposé à lui
désobéir à la première occasion. Il lui fallut , dans le cours de son voyage , toute la
constance dont il avait déjà fait preuve.
Ses gens se révoltèrent plusieurs fois ; il y

en eut même qui dirent hautement que le plus court était de jeter dans la mer cet aventurier qui n'avait rien à perdre , et qu'ils en seraient quittes en disant qu'il y était tombé en contemplant les astres. Ainsi , Colomb avait en même temps à supporter l'insolence de son équipage et la crainte de ne pas réussir. Il est certain qu'il était perdu si ses espérances eussent été trompées : heureusement ses idées se trouvèrent réalisées , contre l'attente de tout le monde.

Après avoir navigué pendant trente-trois jours , depuis les îles Canaries où il avait mouillé , il découvrit l'île de *Guanahani* , l'une des Lucaies , en 1492. Alors les murmures se changèrent en joie , et les injures en bénédictions. Colomb , en mettant pied à terre , fut salué amiral et vice - roi par tout son équipage. Ses trois bâtimens effrayèrent les habitans , qui s'enfuirent vers leurs montagnes où ils se tinrent cachés. On ne put prendre qu'une femme , à laquelle on donna du pain , du vin , des confitures et quelques bijoux ; on la relâcha ensuite , et le bien qu'elle dit des Espa-

gnols fit revenir peu-à-peu les insulaires.
Il s'établit alors une sorte de commerce par
échange entre eux et les gens de Colomb.
Les Espagnols virent pour la première fois,
avec étonnement, que, pour les choses les
plus viles, telles que des morceaux de
verre ou de faïence, des pots cassés, on
leur donnait de l'or dont ils étaient si avides.
Les louanges de Colomb en devinrent encore plus vives. Ils se conduisirent si bien
dans cette première entrevue, que le ca-
cique, ou chef des insulaires, leur permit
de construire un petit fort en bois, où Colomb laissa trente-huit des siens. Après
avoir tout établi pour le mieux, et avoir
imposé à l'île le nom d'*Hispaniola*, il se
remit en mer pour l'Espagne. L'Europe
apprit avec surprise le succès de son voyage.
Ferdinand et Isabelle le reçurent bien
autrement qu'ils l'avaient fait partir; ils
le firent asseoir et couvrir en leur présence
comme un grand d'Espagne, l'anoblirent
lui et toute sa postérité, le nommèrent
grand - amiral et vice - roi du Nouveau-
Monde. Gênes et le Portugal se repen-
tirent alors de ne l'avoir point écouté; et

le vulgaire, qui blâme et loue avec la même facilité, ne tarit plus sur ses louanges.

Colomb repartit avec une flotte de dix-sept vaisseaux, en 1493; il découvrit de nouvelles îles, comme les Caraïbes et la Jamaïque. Il serait mort de faim dans cette dernière île, sans un stratagème singulier dont il s'avisa. Il devait y avoir bientôt une éclipse de lune : Colomb fit avertir les chefs des peuplades voisines qu'il avait des choses très-importantes à leur communiquer. Après leur avoir fait des reproches très-vifs sur leur dureté, il ajouta d'un ton assuré : *Vous en serez bientôt sévèrement punis : le Dieu puissant des Espagnols, que j'adore, va vous frapper de ses plus terribles coups : pour preuve de ce que j'avance, vous allez voir, dès ce soir, la lune rougir, puis s'obscurcir, et vous refuser sa lumière. Ce ne sera que le prélude de vos malheurs, si vous ne profitez de l'avis que je vous donne.*

L'éclipse commence en effet quelques heures après. La désolation est extrême parmi les sauvages; ils se prosternent aux

pieds de Colomb, et jurent qu'ils ne le lais-
seront plus manquer de rien. Il feint de
se laisser toucher, s'enferme comme pour
appaiser la colère céleste, se montre quelques instans après, annonce que Dieu est
appaisé, et que la lune va reparaître. Les
barbares étonnés, demeurent persuadés
que cet étranger dispose à son gré de toute
la nature, et ne lui laissent pas dans la
suite le temps de desirer. Si jamais la fourberie est excusable, c'est sans doute dans
un cas semblable. Celle que nous venons
de rapporter donne une idée du caractère
ingénieux de Colomb, et des ressources
qu'il savait trouver en lui.

Pendant son retour, il fut assailli d'une
tempête si violente, qu'il se crut perdu.
Toujours courageux, et de sang froid, il
ne songe qu'à une seule chose, il n'a qu'un
regret ; c'est que le fruit de ses courses va
être perdu. Il entre dans sa chambre ; il
écrit rapidement, au bruit de la tempête
et des cris de l'équipage, sur du parchemin, un journal de sa navigation, l'en-
veloppe d'une toile cirée, le met ensuite
dans un gâteau de cire, et le jette à la mer

dans un tonneau bien bouché, dans l'espoir que ce dépôt parviendra de quelque façon aux hommes.

Les succès de Colomb semblaient devoir fermer la bouche à l'envie : mais quelle chose est capable de faire taire cette passion, la plus basse du cœur humain? Les ennemis de notre navigateur ne pouvaient plus le traiter de fou; ils cherchèrent à affaiblir sa gloire, en avançant que rien n'était plus facile que de découvrir l'Amérique, et qu'il n'avait pas fallu tant de talens pour cela. Colomb, qui connaissait les hommes, vit bien que ce serait peine perdue que de leur répondre sérieusement; il se contenta de les confondre par une plaisanterie qui est devenue célèbre : il proposa à quelques-uns de ces contradicteurs de faire tenir un œuf droit sur sa pointe : personne n'ayant pu réussir, il cassa le bout de l'œuf, et le fit tenir ainsi. *Rien n'était plus aisé*, dirent les assistans. *Je n'en doute point*, reprit Colomb, *mais personne ne s'en est avisé, et c'est ainsi que j'ai découvert les Indes.*

Pendant son second voyage, un certain

Bovadilla, que la cour avait envoyé en
Amérique avec le titre de gouverneur-gé-
néral des Indes, se conduisit en véritable
tyran, assiégea la citadelle d'Hispaniola,
que *Don Diègue Colomb*, frère de Christophe, n'avait pas voulu lui remettre, et
s'en empara. Christophe étant accouru au
bruit de cette nouvelle, pour tout appaiser,
Bovadilla, sans avoir égard à sa qualité
et à ses services, lui fit mettre les fers aux
pieds, ainsi qu'à ses frères *Don Diègue* et
Don Barthelemy Colomb. Il les envoya
en Espagne avec les pièces de leur procès.
Ferdinand et Isabelle, indignés de ce procédé, donnèrent des ordres sûrs pour
mettre ces illustres prisonniers en liberté, et
leur firent tenir mille écus pour se rendre
à Grenade, où ils les accueillirent avec
des marques de distinction extraordinaires.
Bovadilla fut aussitôt déposé, dégradé et
embarqué pour l'Espagne ; mais il périt
par un naufrage en route.

Isabelle et Ferdinand, dont le fond du caractère était la défiance, retinrent Colomb
quatre années, soit qu'ils voulussent lui
donner le temps de se justifier, ou plutôt

parce qu'ils craignirent qu'il ne s'emparât des découvertes qu'il avait faites. On lui fit cependant faire un troisième voyage, dans lequel il apperçut le continent à dix degrés de l'équateur, et la côte où l'on a bâti depuis Carthagène. Il eût sans doute poussé plus loin ses découvertes ; mais à son retour il termina sa carrière, et mourut à Valladolid, en 1506, à l'âge de 64 ans. Ce grand homme, après avoir été traité d'insensé, et avoir couru tant de dangers, n'en recueillit que peu de satisfaction, et n'eut pas même la gloire de donner son nom au Monde qu'il avait découvert : un aventurier florentin, nommé *Améric Vespuce*, eut cet honneur, qu'il ne méritait pas.

~~~~~~~~~~~~~~~~~~~~~~~~~~~~

COPERNIC,

CÉLÈBRE MATHÉMATICIEN,

Né en 1473, et mort en 1543.

COPERNIC fut celui qui ramena le monde savant à des idées qui parurent plus justes sur le système de l'univers. Il renouvela des anciens le système qui porte aujourd'hui son nom, et que l'on avait abandonné, le corrigea et le présenta sous le jour qu'il le conçut. Ce savant naquit à Torn, ville de la Prusse-Royale, en 1473. Après avoir étudié en philosophie et en médecine, il se livra et se fixa aux mathématiques et à l'astronomie. Le goût vif qu'il avait pour ces sciences l'engagea à visiter ceux qui les cultivaient avec le plus de distinction. De retour dans son pays, il obtint un canonicat, qui lui donna une aisance et un repos nécessaires pour les études et les spéculations qu'il voulait faire. Ce fut alors qu'il forma son système, qu'il ne rendit public qu'après s'être assuré

que les phénomènes célestes y répondaient.
Trop sage pour se persuader d'une chose
au-dessus de la portée de l'esprit humain,
il ne considéra jamais ses idées que comme
des hypothèses qui lui offraient plus de
satisfaction que le systême de Ptolomée
que l'on enseignait. Ce fut en se livrant à
ces études qui l'ont immortalisé, qu'il passa
sa vie, sans porter ses vues plus haut que
la place qu'il occupait. Il mourut à 70 ans,
en 1543.

L'ARIOSTE,

CÉLÈBRE POÈTE ITALIEN,

Né en 1474, et mort en 1535.

LOUIS ARIOSTE naquit à Reggio,
en 1474. La poésie italienne lui doit une
partie de sa gloire. Comme il possédait très-
bien la langue latine, le cardinal *Bembo*
l'engagea à écrire son poëme de Roland
dans cette langue ; mais il préféra sa langue
maternelle. *J'aime mieux*, dit-il, *être*

le prémier des écrivains italiens, que le second des latins.

Son plus bel ouvrage, le seul qui l'ait immortalisé, est son poëme de *Roland furieux*, où l'on trouve réunis tous les genres, depuis le sublime jusqu'au burlesque. Le plus grand talent de l'Arioste, et ce talent est extrêmement rare, est de traiter avec la même facilité les genres les plus opposés ; il va du terrible au tendre, et du plaisant au sublime, passe d'une description effrayante à un tableau voluptueux, et de cette peinture à la morale la plus sage. Ce qu'il y a de plus extraordinaire, c'est qu'il intéresse vivement pour ses héros et ses héroïnes, quoiqu'il y en ait un nombre prodigieux dans son poëme. « Si l'on veut, dit Voltaire, mettre sans préjugé l'*Odyssée* d'Homère avec le *Roland* de l'Arioste dans la balance, l'Italien l'emporte à tous égards. Tous deux ayant le même défaut, l'intempérance de l'imagination et le romanesque incroyable : l'Arioste a racheté ce défaut par des allégories si vraies, par des satires si fines, par une connaissance si approfondie du cœur humain,

humain, par les graces du comique qui succèdent sans cesse à des traits terribles, enfin par des beautés si innombrables en tout genre, qu'il a trouvé le secret de faire un monstre admirable. »

L'Arioste posséda cette heureuse médiocrité si nécessaire à l'homme qui cultive les lettres ; et il pouvait, en paix et sans souci, se livrer à l'impulsion de son génie. Il avait bâti une maison à Ferrare, et y avait joint un jardin, qui était ordinairement le lieu où il méditait et où il composait. Cette maison respirait la simplicité philosophique. Quelqu'un lui ayant demandé pourquoi il ne l'avait pas rendue plus magnifique, lui qui avait si noblement décrit dans son *Roland* tant de palais somptueux, tant de beaux portiques et d'agréables fontaines : *C'est*, répondit-il, *qu'on assemble bien plus tôt et plus facilement des mots que des pierres.* C'était aussi parce qu'il savait se contenter de peu, et regardait les folles dépenses des gens riches comme les caprices de sa brillante imagination.

L'Arioste n'en était pas réduit à ne sa-

3.   C

voir que faire des vers : on le chargea de plusieurs affaires importantes, et il s'en acquitta toujours avec autant de probité que de sagesse. Il eut pendant quelque temps le gouvernement d'une province de l'Apennin, qui s'était révoltée, et qu'infestaient des bandits et des contrebandiers : il appaisa tout, et acquit dans la province une grande autorité sur les esprits, et en particulier sur ces voleurs. En voici un trait unique, et qui prouve quel est l'empire du génie, même sur les hommes les plus grossiers.

L'Arioste un jour sortit en robe de chambre, d'une forteresse où il faisait sa résidence. Le temps était beau ; notre poète oubliant le danger, se laissa aller à ses rêveries, et se trouva fort loin sans s'en être apperçu. Les bandits qui étaient en embuscade tombèrent tout-à-coup sur le promeneur ; il se crut perdu. Heureusement pour lui, un des voleurs le reconnut : *C'est le gouverneur*, dit-il ; *c'est le seigneur Arioste !* A ce nom, déjà célèbre et respecté, tous les brigands tombèrent à ses pieds, se réjouirent de le voir, et le recon-

duisirent à sa forteresse , en lui disant,
que ce n'était pas le titre de gouver-
neur qu'ils respectaient en lui , mais
celui du grand poète.

Cette aventure dut faire plaisir à
l'Arioste ; car il avait cet amour-propre
qu'on pardonne facilement à un homme
de son mérite. Il était si amoureux de ses
ouvrages , qu'il ne pouvait souffrir qu'on
les récitât mal devant lui. On rapporte
qu'un jour , ayant entendu un potier de
terre qui estropiait, en chantant, une stance
de *Roland*, il entra dans sa boutique, et
cassa plusieurs pots exposés en vente :
l'ouvrier s'étant mis en colère , l'Arioste
lui répondit : *Je ne me suis pas encore*
assez vengé; je n'ai brisé qu'une demi-
douzaine de tes pots , qui ne valent
pas vingt sous , et tu m'as gâté une sta-
tue qui vaut une somme considérable.
Ce trait est d'un fou ; aussi faut-il croire
que c'est un de ces contes ridicules dont
l'envie ou la crédulité chargent avec plaisir la mémoire des grands hommes.

L'Arioste était un parfait honnête homme , et sa probité était même si connue,

qu'un vieux prêtre, qui possédait trois ou quatre riches bénéfices, et qui craignait d'être empoisonné par quelqu'un de ceux qui devaient lui succéder, choisit notre poëte préférablement à tous ses parens et à tous ses amis pour demeurer avec lui. L'Arioste remplit auprès de sa mère les devoirs du fils le plus tendre, et eut le bonheur de lui voir couler une longue et heureuse vieillesse.

Avec une imagination aussi vive que la sienne, il était impossible que l'amour le laissât tranquille; il aima plusieurs belles, et son caractère enjoué et aimable lui fit trouver facilement le secret de plaire. La maîtresse à laquelle il fut plus constant, se nommait *Alexandra;* il en eut deux filles qui lui survécurent.

Sa santé était délicate et exigeait beaucoup de soin : sa dernière maladie fut une langueur qui l'entraîna doucement au tombeau. Il sentait sa situation, et disait à ceux qui le visitaient : *Nombre de mes amis sont déjà partis, je souhaite de les revoir; c'est avec eux que je trouverai enfin le parfait bonheur.* Il mourut en 1535, à 59 ans.

LAS-CASAS,

CÉLÈBRE PAR SON HUMANITÉ,

Né en 1474, et mort en 1566.

LES vertus valent encore plus que le génie pour le bonheur du monde : c'est pour cette raison que *Barthélemy de Las-Casas* doit naturellement tenir une place distinguée parmi les grands hommes. D'ailleurs, le courage et la constance qu'il mit à défendre les malheureux Américains annoncent le caractère d'un homme plus qu'ordinaire : la carrière qu'il parcourut peut sembler assez peu glorieuse aux yeux de ceux qui ne voient la gloire que dans un heureux ou un savant massacre ; mais aux yeux de l'homme vertueux et éclairé Las-Casas passe avant nombre de guerriers que l'on a, pour notre malheur, beaucoup trop vantés. Ce héros de l'humanité naquit à Séville, en 1474. A dix-neuf ans il suivit son père qui passait dans les Indes avec

3

Christophe Colomb. De retour en Espagne, il devint ecclésiastique et curé. Son zèle pour la propagation du christianisme le fit retourner en Amérique, et son ame sensible en fit le défenseur des malheureux, que d'autres prêtres ne songeaient qu'à convertir ou à torturer.

Le Nouveau-Monde semblait n'avoir été découvert que pour devenir l'objet de la fureur des Européens. Les Espagnols, qui les premiers y ont mis le pied, ont donné le signal de cet affreux carnage, et y ont commis tant de crimes, que l'esprit épouvanté se refuse à les croire. L'avarice ne savait qu'imaginer pour arracher à cette malheureuse terre plus de trésors encore qu'elle ne lui en prodiguait. Les gouverneurs, les capitaines et les soldats étaient des monstres qui se croyaient au milieu de bêtes sauvages qu'ils auraient eu le droit d'exterminer. Pour comble d'horreur, des prêtres, disons plutôt des scélérats, que le fanatisme même ne peut excuser, après avoir prêché les infortunés Indiens, qui n'étaient pas plus en état d'entendre leur langage que leurs raisons, décidaient qu'on pouvait les tuer , puisqu'ils ne voulaient pas se faire chrétiens. Voilà ce que l'avarice , voilà ce que la superstition sont capables de faire.

Au milieu de tant de brigands , Las-Casas fut seul un homme. Après avoir vainement essayé de faire entendre sa voix à ces tigres , et avoir aussi vainement rappelé la religion à des fourbes ou à des fanatiques qui n'avaient que des passions atroces , il partit pour l'Espagne , et vint porter les plaintes de l'Amérique au pied du trône même. *Charles-Quint* régnait : il fut touché du tableau déchirant que lui traça Las-Casas ; il fit des ordonnances très-sévères contre les persécuteurs , et favorables aux opprimés. Mais la justice , qui n'est d'aucun profit , est rarement toute-puissante ; les gouverneurs espagnols , trop éloignés pour craindre , reçurent les ordonnances , et continuèrent leurs brigandages.

C'était peu que des crimes ; un misérable , dont le nom doit être voué à l'opprobre , porta l'audace jusqu'à en justifier la nécessité par les lois humaines et divines,

4

et par le droit de la guerre (1). Cet atroce écrivain se nommait *Sepulvéda*, était prêtre, docteur, et mourut tranquillement chanoine, à 82 ans. Las-Casas indigné, répondit au libelle du docteur par un ouvrage intitulé *la Destruction des Indes*, dans lequel on trouve des détails qui font frémir l'humanité. Le docteur nia ce qu'il put, et excusa le reste en apportant l'exemple des Israélites qui ont, par l'ordre de Dieu, massacré les Chananéens, qui

---

(1) Ces raisons de Sepulvéda nous paraissent maintenant d'une absurdité révoltante. Mais quelle chose a pu justifier depuis la traite et l'esclavage des nègres ? Sommes-nous plus sages et plus humains aujourd'hui, que ce même esclavage est prorogé par des raisons prétendues politiques, qui ne sont, au fond, que l'expression du bas intérêt de quelques marchands, plus puissans que les lois justes et les hommes vraiment vertueux ? Ne condamnons aucun siècle, aucune nation : chaque temps et chaque peuple a sa honte à porter ; et notre siècle, que nous nommons avec trop d'orgueil le *siècle des lumières et de la philosophie*, sera jugé d'autant plus sévèrement, que nous n'ignorons pas nos fautes.

n'étaient pas plus coupables que les habitans du Nouveau - Monde. Ces raisons étaient alors excellentes, et même sacrées; elles n'eurent cependant aucune force sur le vertueux Las-Casas : il mit tant d'activité dans la poursuite de cette affaire, que l'empereur nomma *Dominique Soto*, son confesseur, pour être l'arbitre de ce différend, comme si un prince n'était pas obligé de décider lui-même dans des choses aussi essentielles et aussi claires! Las-Casas mit toutes ses raisons par écrit, pour être présentées à Charles-Quint; mais ce prince, dont les états étaient trop grands, ne trouva pas un instant pour songer à des malheureux qui souffraient à deux mille lieues de lui.

Désolé de voir toutes les oreilles sourdes au cri de l'humanité, Las-Casas, que l'on avait fait évêque de *Chiapa*, revint en Espagne, après avoir, pendant cinquante ans, tenté de soulager les Indiens. Ce fut à Madrid, en 1566, qu'il mourut, dans sa quatre-vingt-douzième année.

Il est triste qu'un homme semblable ne soit pas entièrement exempt de blâme;

5

il en coûte pour marquer ses fautes ; mais la vérité l'exige. Las-Casas, si zélé défenseur de la liberté des Américains, employa au contraire tout son crédit pour faire établir l'esclavage des nègres. Que dire pour sa défense ? Peut-être ne chercha-t-il qu'à détourner une partie de la férocité des Espagnols ? peut-être crut-il que les nègres, à cause de leur couleur, tenaient moins que les blancs à l'humanité ? ou plutôt, en réfléchissant à la faible constitution des Américains, et en les voyant périr par milliers dans les mines, pensa-t-il que l'atrocité serait moins grande si l'on employait l'Africain, qui avait au moins assez de force pour supporter la cruauté des Européens ? Quelque raison que l'on cherche, Las-Casas n'en est pas moins coupable en ce point. Il est donc décidé qu'il n'y aura jamais un homme entièrement vertueux ! notre faiblesse perce toujours par quelque côté. Que ce soit au moins pour nous une leçon qui nous porte à l'indulgence mutuelle sur nos défauts et nos fautes. Nul de nous n'est parfait.

~~~~~~~~~~~~~~~~~~~~~~~~~~~~~~~~~

MICHEL-ANGE,

CÉLÈBRE PEINTRE, SCULPTEUR ET ARCHITECTE,

Né en 1474, et mort en 1564.

———————

B*UONAROTI, ou* B*ONAROTA*, surnommé
Michel-Ange, naquit à Chiusi dans la
Toscane, l'an 1474. Ses dispositions pour
la peinture étaient si grandes, qu'il fallut
bientôt lui donner un autre maître, le
premier étant déjà surpassé. Son pinceau
fut fier, terrible et sublime ; on ne lui reproche que de n'avoir pas assez sacrifié
aux Graces : ce que Corneille fut en poésie,
il le fut en peinture. Son ame ne conce-
vait rien que de noble et d'étonnant : ce
qui sourit à l'imagination était perdu pour
lui. C'était dans *l'Enfer du Dante*, son
poète favori, qu'il puisait le feu qu'il portait dans ses compositions.

Il réussit aussi éminemment dans la
sculpture que dans la peinture : *Raphaël*,

frappé de la beauté d'une de ses statues
qui représentait Bacchus, l'attribua à *Phi-*
dias ou à *Praxitèles*. Pour mettre en
défaut la prévention des hommes, si souvent injuste, il fit enterrer secrètement
une statue de l'Amour, après lui avoir cassé
un bras. Cette statue, trouvée comme
par hasard, parut admirable, et devait, au
dire des savans, être du maître le plus
habile de l'antiquité ; Michel-Ange n'était
pas en état de faire rien de semblable.
Michel-Ange montra le bras, et la prévention fut détruite. *Vigenère*, écrivain
du seizième siècle, parle de son habileté à
manier le ciseau. « Je vis, dit-il, Michel-
Ange, bien qu'âgé de 60 ans, et encore
non des plus robustes, abattre plus d'é-
cailles d'un marbre très-dur, en moins
d'un quart-d'heure, que trois jeunes tail-
leurs de pierre n'eussent pu faire en trois
ou quatre heures : chose presque incroyable
à qui ne la verroit ! Et il alloit d'une telle
impétuosité et furie, que je pensois que
tout l'ouvrage dût aller tout en pièces :
abattant par terre d'un seul coup de gros
morceaux de trois ou quatre doigts d'épais-

seur , si ric-à-ric de sa marque , que s'il
eût passé outre de tant soit peu plus qu'il
ne falloit , il y avoit danger de perdre
tout , parce que cela ne se peut réparer,
ni replâtrer comme les ouvrages de stuc et
d'argile. »

Michel - Ange était d'une complexion
sèche et nerveuse , et il l'avait fortifiée
par l'exercice et la sobriété. Sa taille était
médiocre , mais bien proportionnée. Jamais il ne voulut se marier. Un de ses
amis lui en faisant un jour reproche :
*C'est un crime , disait-il , que vous ne
vous soyez pas marié , vous auriez eu
des enfans à qui vous auriez laissé
tous vos chefs-d'œuvre. J'ai , répondit-
il , une femme qui m'a toujours persé-
cuté ; c'est mon art : mes ouvrages sont
mes enfans.* Il avait été très - amoureux
de la marquise de *Pescaire.*

Il avait l'ame aussi belle que son génie
était beau. Il travaillait bien plus souvent
pour l'amitié , et par amour de la gloire ,
que dans la vue de l'intérêt. Se regardant
comme un citoyen généreux de l'ancienne
Rome , il ne voulut rien recevoir pour les

travaux qu'il fit à l'église Saint-Pierre. Il avait réformé le dessin de cette église, tracé et exécuté en partie par *Bramante*. Il fit continuer ce superbe édifice. Il n'y manquait plus que la coupole quand il mourut, à l'âge de 90 ans, en 1564.

Ce grand artiste cultivait aussi les lettres, et leur donnait le temps qu'il dérobait à la peinture, à la sculpture et à l'architecture. Il vécut long-temps, et peu de gens ont aussi bien su remplir tous les momens de leur existence.

RAPHAËL,

LE PLUS GRAND DES PEINTRES,

Né l'an 1483, et mort l'an 1520.

RAPHAEL SANZIO naquit à Urbin, en 1483, d'un peintre assez médiocre, qui l'occupa d'abord à peindre de la faïence. Ayant remarqué ses grandes dispositions, il le mit chez le *Pérugin*, peintre célèbre du temps. L'élève eut bientôt égalé le maître.

Il eut alors recours aux chefs - d'œuvre qui existaient. Michel - Ange jouissait déjà de toute sa gloire ; Raphaël s'introduisit dans une chapelle qu'il peignait , pour étudier la manière de ce maître. Depuis cette époque , il quitta celle qu'il avait reçue du Pérugin , pour ne plus prendre que celle de la belle nature.

Sur la recommandation de *Bramante*, célèbre architecte et son oncle , le pape *Jules II* le fit travailler dans le Vatican : Raphaël fit l'*Ecole d'Athènes*, et ce chef-d'œuvre lui acquit la plus grande réputation. *François I*, roi de France , ayant entendu vanter ce grand peintre , desira avoir de lui un *S. Michel*. Raphaël s'empressa de lui obéir. Le prince trouva cet ouvrage si beau , qu'il se plut à marquer sa satisfaction à l'artiste , et lui envoya une somme considérable. Le désintéressement était un des traits du caractère de Raphaël : la somme qu'il reçut lui parut trop forte ; et , aussi généreux que le prince, il fit la *Sainte Famille*, qu'il supplia le roi de vouloir bien accepter. Un trait semblable devait plaire à François I , qui avait de très-belles qualités : il envoya à Raphaël une somme double de la première, et y joignit un compliment qui charma plus encore le peintre. *Les hommes célèbres dans les arts,* lui disait-il, *partagent l'immortalité avec les grands ; ils peuvent traiter entre eux.* François invitait en même temps le peintre à passer en France, en lui offrant une perspective aussi honorable qu'avantageuse. *Léon X,* qui l'avait chargé, après la mort de Bramante, de la reconstruction de la basilique de S. Pierre, craignit de le perdre, et lui accorda une pension considérable pour le fixer à Rome. Raphaël ne pouvant condescendre aux desirs du roi de France, voulut au moins lui témoigner encore une fois sa reconnaissance : il fit pour lui la *Transfiguration du Christ,* le chef-d'œuvre de la peinture. C'est le dernier ouvrage qu'ait fait ce grand peintre ; il ne put même y mettre la dernière main ; il mourut, et ce tableau resta à Rome. Nos victoires en Italie nous ont procuré, dans ces derniers temps, cette sublime composition.

Ce fut en 1520 que mourut Raphaël,

dans sa trente-septième année. Il ne fut pas assez réglé dans ses mœurs, et dut sa mort prématurée à sa passion pour les femmes.

Il est honteux pour nous que l'envie nous soit si naturelle, que deux grands hommes, persuadés réciproquement de leurs talens, ne peuvent pas cependant se contraindre assez pour paraître s'estimer. Raphaël et Michel-Ange, ces deux prodiges de la peinture, vécurent dans la même ville, dans le même temps, et ne purent être amis. Voilà les hommes de tous les siècles. Celui qui peut vaincre l'envie qui s'élève malgré lui dans son cœur, mérite plus de louanges encore que celui qui sait vaincre des bataillons; car il est plus commun de voir d'habiles guerriers, que des hommes assez sages pour se dire avec bonne foi : L'envie que je porte à mon rival, la critique que je fais de ses talens, rendront-ils mes ouvrages meilleurs? non. Eh bien, rejetons donc une passion si basse; faisons le mieux qu'il nous est possible, et trouvons encore quelque plaisir à admirer ce qu'il y a de beau chez les autres.

LE TITIEN,

CÉLÈBRE PEINTRE ITALIEN,

Né en 1477, et mort en 1576.

V ECELLI, surnommé *le Titien,* naquit
à Cadore dans le Frioul, en 1477. Ce fut
encore un des grands peintres de son
temps. Il réussissait sur-tout dans le portrait, ce qui le faisait rechercher des principaux personnages, qui desiraient tous
être peints par un aussi habile homme.
Charles-Quint le fut trois fois par lui ; et
il fut si satisfait de ses ouvrages, qu'il le
créa chevalier et comte palatin. Un jour
que cet empereur lui donnait une séance
pour son troisième portrait, l'artiste, ani-
mé par la présence du monarque, laissa
tomber un de ses pinceaux, que le prince
ne dédaigna pas de ramasser. Le Titien
confus, lui faisait toutes les excuses qu'il
lui devait : Charles lui répondit gracieuse-
ment : *le Titien est digne d'être servi
par César.* La faveur du prince lui fit des

Le Titien.

Le Correge.

Louis XII

Bayard.

François 1.er

Charles Quint.

jaloux. Charles leur faisant sentir en même temps la bassesse de leurs sentimens, et combien le génie l'emportait sur de vaines distinctions, leur dit avec mauvaise humeur : *Des ducs et des comtes comme vous, j'en ferai autant qu'il me plaira ; mais Dieu seul peut créer un homme comme le Titien.*

L'Arioste, le Marini et plusieurs autres poètes du temps lui ont consacré des éloges que la postérité n'a point désapprouvés. Henri III passant à Venise, lui fit l'honneur de l'aller voir. Sa fortune fut égale à son mérite ; il put recevoir à sa table avec somptuosité des grands et des cardinaux, et ne s'en montra jamais avec moins de modestie. Son caractère doux et obligeant, son humeur gaie et enjouée, le faisaient rechercher et aimer ; ses vertus le rendaient respectable. Il est du très-petit nombre des hommes qui ont joui des agrémens de la vie et de la gloire de leurs talens ; et, pour comble de bonheur, il en jouit jusqu'à sa quatre-vingt-dix-neuvième année. Il est probable qu'il eût passé les cent ans, si la peste n'eût abrégé cette longue carrière. Il mourut le 14 mars 1576. Une santé robuste, dont il avait reçu le principe de la nature, avait été maintenue par la sobriété.

~~~~~~~~~~~~~~~~~~~~~~~~~~~~

LE CORRÈGE,

CÉLÈBRE PEINTRE ITALIEN,

Né en 1494, et mort en 1534.

———

Nous venons de voir un peintre que le génie, la nature et la fortune s'empressèrent de combler de leurs bienfaits : en voici un autre qui n'eut que le génie en partage ; le malheur accompagna et termina ses jours.

Antoine Allegri, dit *le Corrège*, naquit à Corrégi, dans le Modénois, en 1494. Il était né peintre ; ce fut presque en lui seul qu'il trouva son art. Trop pauvre pour pouvoir suivre les maîtres qui avaient déjà illustré la peinture, il resta à Parme et dans la Lombardie, et ne vit jamais Rome ni Venise. Il eut cependant le bonheur de

voir quelques tableaux des grands maîtres.
Un jour il resta pendant quelque temps
dans une sorte de contemplation devant
un ouvrage du divin Raphaël : personne
plus que lui n'était en état d'apprécier
le talent sublime de ce prince des peintres ;
tout-à-coup il rompit son silence, et s'écria
avec transport : *Et moi aussi, je suis
peintre !* Il sentait toutes ses forces ; il ne
sut point cependant profiter de ses talens :
ses ouvrages, aujourd'hui si-recherchés et
achetés des sommes considérables, furent
donnés par lui presque pour rien ; il n'en
connaissait point le prix, ou plutôt il ne
sut pas se faire valoir, comme il en avait
le droit ; aussi resta-t-il ignoré et dans la
misère. Il s'était retiré dans un village
pour dépenser moins, et habitait une
sorte de chaumière. Quoique malheureux,
il était bienfaisant, et s'en trouvait souvent plus pauvre. Ce qui le faisait le plus
souffrir, n'était pas de n'obtenir aucune
des récompenses dont on surchargeait plusieurs de ses confrères qui n'avaient pas
plus de droits que lui, c'était de voir sa
famille partager ses malheurs ; pour elle

seule il eût desiré d'être riche. Ce fut aussi
en quelque sorte par amour pour elle
qu'il perdit la vie : cet infortuné grand
homme avait été à Parme porter un de ses
plus beaux ouvrages, et n'en avait trouvé
que la somme de deux cents livres, qu'encore ou lui avait payée en cuivre. Joyeux
comme un malheureux qui rarement possède quelque chose, il chargea sur ses
épaules ce prix modique d'un chef-d'œuvre,
et se hâta d'arriver dans le sein de sa famille, pour lui donner quelque joie et des
secours. On était au fort des chaleurs ; il
gagna une fièvre, et mourut à 40 ans,
sans savoir qu'il était un des plus grands
peintres de son siècle.

~~~~~~~~~~~~~~~~~~~~~~~~~~~~~~~~

LOUIS XII,

ROI DE FRANCE, surnommé *LE PÈRE DU PEUPLE*,

Né en 1462, et mort en 1515.

———

Louis XII , surnommé le *père-du-peuple*, forma la troisième branche issue des Capets, et dite des *Valois d'Orléans*. Il naquit à Blois en 1462. Il n'avait que quatorze ans lorsque Louis XI lui fit épouser *Jeanne de France*, sa fille. Cette princesse fut vertueuse , mais elle n'eut aucun de ces charmes qui captivent le cœur des hommes. Elle était petite , contrefaite et un peu bossue. Le jeune prince ne l'avait épousée que par la crainte pour Louis XI, tyran de sa famille comme il l'était de la France. Tant que ce roi vécut , le duc d'Orléans n'osa déclarer trop ouvertement son aversion ; il se contraignit encore pendant le règne de Charles VIII, son beau-frère ; mais à son avènement au trône il fit dissoudre ce mariage, que l'on ne pouvait en effet approuver, et que l'on ne vit cependant point rompre sans douleur, parce que Jeanne était, par ses vertus, digne d'un meilleur sort.

Louis ne pouvant, dans les premières années du règne de Charles VIII, supporter le gouvernement de madame de Beaujeu, fille aînée de Louis XI, qui tenait sous le nom de son frère les rênes de l'état, se retira en Bretagne avec le comte de *Dunois* et quelques autres seigneurs. Il avait prétendu à la régence pendant la minorité du roi, mais la princesse l'avait emporté sur lui; alors, poursuivi par cette femme altière, il fut contraint de s'armer. Ses armes ne furent pas heureuses; il perdit la bataille de Saint-Aubin, donnée en 1588, et fut fait prisonnier par Louis de la Trémouille. Sa belle-sœur, qui avait le caractère inflexible de son père, le fit conduire de prison en prison, et le retint dans la tour de Bourges, où il fut gardé très-étroitement pendant trois ans. On le traitait avec une rigueur extrême, et on lui refusait presque le nécessaire; la nuit on l'enfermait dans une cage de fer ; on ne lui permettait point d'écrire ; et un nommé *Guérin*, son geolier, rendit cette longue captivité encore plus dure par des précautions qui tenaient de la barbarie. *Jeanne*, qu'il ne pouvait aimer, lui montra alors tout le dévouement d'une tendre épouse ; elle fit tout ce qui fut en son pouvoir pour adoucir et terminer sa captivité ; elle ne craignit point de répandre des larmes et de s'abaisser aux supplications devant son frère et sa sœur. Charles VIII étant devenu l'époux d'*Anne*, duchesse de Bretagne, le duc d'Orléans fut remis alors en liberté, et il devint aussi bon sujet qu'il avait été ambitieux chef de parti. Les belles ames, dit *Millot*, peuvent quelquefois s'égarer, mais elles ne peuvent être ingrates, et la reconnaissance les ramène bientôt au devoir.

Enfin Charles VIII, qui était d'une trèsfaible constitution, étant mort sans enfans, Louis monta sur le trône. Sa jeunesse n'avait pas été sans fautes ; mais le fond de son caractère était excellent, et sa captivité avait été pour lui une excellente

3.   D

école : il était alors dans sa trente-sixième
année. Ses anciens ennemis tremblèrent
et se crurent perdus. Louis de la Trémouille, qui l'avait fait prisonnier à la
journée de St.-Aubin, avait plus sujet de
craindre que les autres. Louis le rassura
par ces paroles qui sont devenues célèbres:
*Ce n'est pas au roi de France à ven-
ger les querelles du duc d'Orléans.* Il
avait fait une liste des seigneurs dont il
avait eu à se plaindre sous Charles VIII,
et marqué leur nom d'une croix : presque
tous voulaient s'éloigner ; il les retint en
leur disant : *La croix que j'ai faite à vos
noms ne peut être pour un chrétien un
signe de vengeance, mais de pardon
et d'oubli des injures.* Il ne se souvint
plus effectivement des offenses qu'il avait
reçues. Quand il n'y aurait que ce trait
de vertu dans sa vie, il mériterait de tenir une place distinguée parmi les grands
princes. Les victoires que l'on remporte sur
soi ne sont pas les plus faciles.

Dès la première année de son règne, il
diminua les impôts d'un dixième, ensuite
d'un tiers, rétablit la discipline militaire,

et fit des réglemens très-utiles pour l'administration de la justice. Il avait singulièrement à cœur le bien et le repos de ses sujets : il disait qu'*un bon pasteur ne saurait trop engraisser son troupeau.* Pour cet effet il fit construire quantité de vaisseaux sur les côtes , et établit des manufactures en plusieurs endroits. Il châtia rigoureusement les juges qui exigeaient des présens , et les usuriers. Pour élever à la magistrature des gens qui en fussent dignes, il écrivait les noms de ceux qui étaient en réputation de se distinguer par leurs talens. Lorsqu'une charge de quelque importance venait à vaquer , il consultait sa liste, et en honorait le sujet qu'il croyait le plus propre à la remplir. Pour tout dire , en un mot , Louis voulut être appelé *le Père du peuple ;* nom , dit *Mézerai,* qui me semble incomparablement plus beau et plus saint qu'aucun autre que puisse prendre un prince. Quand il allait en campagne , les bonnes gens accouraient de plusieurs lieues pour le voir , jonchant les chemins de fleurs et de feuillages.

La reine Anne , depuis la mort de

Charles VIII, était rentrée en possession de la Bretagne. Il importait extrêmement à Louis XII de ne point perdre cette province. Son ancienne inclination pour la princesse fortifiait la raison d'état qui lui inspirait le desir de l'épouser. Il fit donc rompre son mariage avec Jeanne, et épousa Anne de Bretagne.

Si le goût des conquêtes, dit Millot, n'eût pas séduit Louis XII, le royaume serait devenu plus florissant et plus heureux que jamais. Malheureusement il avait des droits sur Milan, par Valentine Visconti, sa grand'mère, et il ne voulait pas renoncer au royaume de Naples, que Charles avait conquis et perdu en peu de temps. En 1499, il envoya une armée qui, en vingt jours, s'empara du Milanez. Il fit son entrée triomphante dans la capitale, et la perdit bientôt avec plusieurs autres places. Il fit un nouvel effort, et la Trémouille reconquit le Milanez, et prit Gênes. Louis songea alors à conquérir Naples. Pour mieux réussir, il s'unit avec le roi d'Espagne *Ferdinand*, qui se faisait appeler le *Catholique*, et qui n'était

que le fourbe le plus délié de son temps.
Cette conquête fut faite en moins de quatre mois. *Frédéric*, roi de Naples, se
remit entre les mains de Louis, qui l'envoya en France avec une pension assez
considérable. A peine Naples fut-il conquis, que le dévot Ferdinand pensa à
s'en emparer pour lui seul; il s'associa le
pape *Alexandre VI*, bien digne de lui,
et fit marcher ses troupes, qui chassèrent
les Français. Louis XII était trop honnête
homme pour se tirer heureusement d'affaire avec de telles gens, qui se moquaient
de tout ce que l'on a coutume de respecter.
Les avantages que mes ennemis rempor-
tent sur moi, disait-il, *ne doivent étonner*
personne, puisqu'ils me battent avec
des armes que je n'ai jamais employées;
avec le mépris de la bonne foi, de
l'honneur et de la religion.

Les Génois s'étant révoltés ensuite, il
marcha contre eux, les défit, et entra à
main armée dans leur ville. Ils crurent
qu'il allait les châtier en vainqueur irrité;
il leur pardonna avec la bonté d'un père.

Cette expédition rapide fut suivie de la

fameuse ligue de Cambrai, qui arma presque toute l'Europe contre une seule république d'Italie, celle de Venise. Louis XII eut un succès complet dans la fameuse bataille d'Agnadelle ; il s'y conduisit en héros. Comme il se mettait trop en danger, ses courtisans, qui étaient obligés de le suivre, voulurent le faire songer à sa sûreté, afin de s'y voir eux-mêmes. Le prince, qui devina leur intention, se contenta de leur dire : *Que ceux qui ont peur se mettent derrière moi !* Un mot de la Trémouille : *Enfans, le roi vous voit,* contribua beaucoup aussi à l'avantage de cette journée.

Lous XII fut encore la dupe de sa bonne foi en cette occasion. Le pape *Jules II,* qui n'était pas plus honnête homme qu'Alexandre VI, après avoir obtenu ce qu'il desirait, trahit les Français, de concert avec le catholique Ferdinand, qui ne manquait jamais l'occasion de faire une mauvaise action qui lui était profitable. Aussi, ayant appris un jour que Louis l'accusait de l'avoir trompé deux fois : *Deux fois !* interrompit-il ; *pardieu, il en a bien menti, l'ivrogne ; je l'ai trompé plus de dix.* Jules, non content d'avoir mis avec lui le roi d'Espagne contre la France, en détacha encore les Suisses, pour lui en faire de nouveaux ennemis. Louis, craignant d'offenser les consciences timorées et les fanatiques, en soutenant une guerre aussi juste, eut soin, avant de l'entreprendre, de consulter le clergé du royaume, qu'il avait rassemblé à Tours. On décida que la guerre était légitime, qu'il ne fallait plus envoyer d'argent à Rome ; on accorda même un subside sur les biens ecclésiastiques, pour soutenir l'honneur de la couronne contre le pontife romain.

Gaston de Foix, duc de Nemours, jeune prince aussi sage que vaillant, commanda l'armée française. Il s'immortalisa, dit Millot, par des exploits qui ne produisirent aucun fruit solide. La bataille de Ravenne, qu'il gagna sur les Espagnols, fut même un malheur, puisqu'elle lui coûta la vie. Louis XII s'exprima sur cet événement en prince plein d'humanité : *Je voudrais,* dit-il, *n'avoir plus un pouce de terre en Italie, et pouvoir, à ce prix, faire revivre mon neveu*

4

Gaston de Foix, et tous les braves hommes qui ont péri avec lui. Dieu nous garde de remporter jamais de telles victoires !

La gloire des armes françaises ne se soutint pas : le roi était éloigné, les ordres arrivaient trop tard, et quelquefois se contredisaient. Son économie, quand il fallait prodiguer l'or, donnait peu d'émulation. L'ordre et la discipline étaient inconnus dans les troupes. En moins de trois mois les Français furent hors de l'Italie. Gênes, de son côté, se révolta de nouveau ; et les Français, après la perte de la bataille de Novare, furent contraints de rentrer chez eux. L'empereur *Maximilien* et *Henri VIII*, roi d'Angleterre, attaquèrent alors la France. Les Anglais mirent le siége devant Térouane, qu'ils prirent après la journée de Guinegate, que l'on nomma *la Journée des éperons*, parce que les Français s'y servirent plus de leurs éperons pour fuir, que de leurs épées pour se défendre. La prise de Tournai suivit celle de Térouane.

Les Suisses assiégèrent Dijon, et ne

purent être renvoyés qu'avec vingt mille écus comptant, une promesse de quatre cent mille, et sept ôtages qui en répondaient.

Dans cette extrémité, Louis XII eut recours aux négociations : il fit un traité avec le pape Léon X, et un autre avec Henri VIII. Comme Anne de Bretagne, son épouse, venait de mourir, il songea à un nouveau mariage, et demanda la sœur d'Henri VIII, dans l'espérance d'avoir un fils, et dans la nécessité d'affaiblir une ligue trop formidable. La princesse qu'il demandait était déjà promise au prince d'Espagne; mais le roi d'Angleterre, indigné contre Ferdinand, son beau-père, qui l'avait souvent trahi comme les autres, se vengea par cette alliance. Au lieu de recevoir une dot, Louis XII fut obligé de donner un million d'écus; il forma en même temps une ligue offensive et défensive avec l'Anglais, et se disposait à réparer ses malheurs lorsqu'il mourut. Sa passion pour la jeune reine abrégea ses jours. « Le bon roi, dit un vieil historien, à cause de sa femme, avoit changé du

tout sa manière de vivre : car où il souloit
(*avoit coutume*) de dîner à huit heures,
il convenoit qu'il dînât à midi ; où il souloit se coucher à six heures du soir, souvent
se couchoit à minuit. » Il mourut en 1515,
dans sa cinquante-troisième année. A sa
mort , les *crieurs de corps* disaient le long
des rues, en sonnant leurs clochettes : *Le*
bon roi Louis, père du peuple , est mort.

On a remarqué , dit un historien , comme
une chose peut-être unique, que ses peuples n'ont jamais murmuré contre lui,
quoiqu'il fît tant de levées et tant de
guerres. C'est qu'il révoquait les levées
aussitôt que les guerres avaient cessé,
et que, ne manquant jamais à la parole
qu'il avait donnée à ses peuples, il se con-
servait leur affection , et les trouvait toujours disposés à l'aider de leurs biens et
de leurs personnes. Il fut malheureux dans
ses entreprises militaires ; mais il eut toujours grand soin que le poids de ses pertes
ne pesât que le moins possible sur la
France. On a attribué une partie de ses
pertes à une économie mal-entendue ; mais
ses plus grands revers vinrent de la mau-

vaise foi de ses alliés. S'il fut si économe ,
c'est qu'en bon et véritable roi il connaissait et ménageait la source sacrée d'où lui
venaient ses revenus : avec treize millions
par an , qui en valaient environ cinquante
d'aujourd'hui , il soutint la majesté du
trône , et fournit à tout. Malgré ses entreprises et ses pertes , à sa mort l'état n'é-
tait point endetté , et l'abondance régnait
dans les provinces. Il disait ordinairement
que la justice d'un prince l'oblige à ne rien
devoir, plutôt que sa grandeur à beaucoup
donner. Ce n'est pas là le compte des courtisans, dit *Millot ;* aussi osa-t-on le jouer
sur le théâtre. *J'aime mieux ,* dit-il à ce
sujet , *voir les courtisans rire de mon
avarice , que voir mon peuple pleurer
de mes dépenses.* Quoiqu'il aimât tendrement son successeur , il gémissait de son
penchant à la prodigalité. *Hélas ! nous
travaillons en vain ,* disait-il , *ce gros
garçon gâtera tout.*

Ce desir de ménager les sueurs du peuple
lui fit introduire un abus funeste , mais
qu'on ne peut lui reprocher à cause du
motif. Se voyant pressé du besoin d'argent.

et ne voulant point augmenter les impôts,
il imagina de vendre les charges ; ressource dangereuse , qui mit par la suite
entre les mains des gens riches ce qui,
de droit et pour le bonheur de tous , devait
être entre les mains des plus instruits et
des plus justes. Il excepta cependant de
cette vénalité les offices de judicature, que
ses successeurs ne respectèrent point : ce
bon roi fut persuadé qu'on ne pouvait
acheter le droit de décider des biens et de
la vie des hommes.

Les qualités précieuses de Louis XII
font oublier ses fautes ; il avait tellement à
cœur que tout se passât selon les règles de
la justice, que, lorsqu'il allait à la guerre,
il se faisait suivre de quelques hommes
vertueux et éclairés, chargés , même en
pays ennemi , d'empêcher le désordre et
de réparer le dommage lorsqu'il avait été
fait. Ces principes d'une probité austère furent sur-tout remarqués après la prise de
Gênes, qui avait secoué le joug de la France.
Son avant-garde ayant pillé quelques maisons du faubourg de Saint Pierre d'Aréna ,
le prince , quoique personne ne ne se plai-

gnît, y envoya des gens de confiance pour examiner à quoi pouvait se monter la perte, et ensuite de l'argent pour payer la valeur de ce qui avait été pris.

Sous son règne, les laboureurs furent mis à couvert des violences du soldat et des nobles. Il punit un de ces derniers d'une manière aussi sage que plaisante : c'était un gentilhomme de sa maison qui avait, sans raison, maltraité un villageois ; le prince ordonna qu'on ne servît à ce petit tyran que du vin et de la viande. Il ne manqua pas de se plaindre : c'était là que le roi l'attendait. *Vous demandez du pain ?* lui dit-il avec sévérité. *Et pourquoi donc êtes-vous assez peu raisonnable pour maltraiter ceux qui vous le mettent à la main ?* Ces mots annoncent en lui une philosophie bien au-dessus des préjugés barbares de son siècle : ce n'était point par les sots et vains titres qu'il estimait les hommes, mais par leur utilité.

Il connaissait aussi le cœur humain, et savait que l'homme le plus juste et qui désire le plus ardemment le bien, n'est pas exempt d'un moment de faiblesse. Cette

faiblesse a quelquefois des suites très-fu-
nestes. Pour se fortifier contre lui-même,
ce sage et vertueux prince ordonna, par
un édit daté de 1499, *qu'on suivît tou-*
jours la loi, malgré les ordres con-
traires que l'importunité pourrait arra-
cher au monarque. C'était tout ce qu'un
roi prudent pouvait faire pour le bonheur
des hommes remis en sa puissance : une
pareille loi, chez les anciens, lui eût valu
des autels.

La tolérance était dans son cœur, cette
tolérance que tant de chrétiens, ignorans ou
barbares, que tant de prêtres perfides ont
reprochée à la philosophie moderne. Comme
il passait par le Dauphiné pour se rendre
en Italie, en 1501, quelques seigneurs,
qui avaient tout le fanatisme de leur siècle,
le supplièrent d'employer une partie de ses
forces à purger cette province des *Vau-*
dois, qui en habitaient les montagnes. Le
nom d'hérétiques que l'on donnait à ces
malheureux ne fut point, aux yeux de
Louis, un titre pour les condamner à périr;
le sage prince, suivant sa louable coutume, voulut qu'avant de punir on exa-

minât de quoi ils étaient coupables. Il fut
si étonné d'apprendre que ces infortunés
n'avaient contre eux que leur opinion religieuse, qu'ils faisaient oublier par leurs
vertus morales, qu'il s'écria : *Quoi ! l'on
veut les punir ! et ils sont meilleurs
chrétiens que nous !* Il ordonna aussitôt
qu'on rendît aux Vaudois les biens qu'on
leur avait enlevés, défendit qu'on les in-
quiétât à l'avenir, et fit jeter dans le Rhône
toutes les procédures déjà commencées.
Voilà les vrais rois, les hommes nés pour
le bonheur de l'humanité : pourquoi la nature en est-elle si avare !

Quoiqu'économe, il prit plaisir à encourager les sciences et les arts, et à récompenser ceux qui s'y distinguèrent. Il savait
que c'est là une des sources de la gloire
des états : il appela auprès de lui les
plus savans hommes, même des pays étrangers, leur assigna des pensions, des honneurs ; et comme il ne croyait pas, à la
manière de tant d'orgueilleux ignorans,
que ceux qui sont instruits sont incapables
d'agir, il employa plusieurs de ces savans
dans les ambassades et les affaires de

l'état. C'est de son temps qu'on commença à enseigner le grec dans l'université ; et il prépara en partie tout ce que son successeur fit pour les lettres. Lui - même était instruit, et savait choisir ses lectures ; les *Offices* de Cicéron, cet ouvrage admirable, faisaient son étude particulière, avec l'histoire, dont la connaissance appartient à ceux qui gouvernent les nations.

Parmi les réformes qu'il avait à cœur, dit l'abbé Millot, celle des religieux n'était pas la moins nécessaire ; mais il n'en put venir à bout. Ce fut en vain qu'il obtint au *cardinal d'Amboise* la qualité de légat *à latere* ; ce ministre, ainsi revêtu de toute la puissance, tant *spirituelle* que politique, ne put vaincre les difficultés qui s'opposèrent à son zèle. Ces misérables, qui se jouaient de la religion qu'ils enseignaient, se montrèrent en véritables factieux : les jacobins de Paris soutinrent même deux assauts à main armée contre les commissaires. Voilà la religion des moines, de ces hommes dont l'institution blessait les lois de la nature, et les mœurs la morale du christianisme.

Nous terminerons cet article, que nous nous plaisons à prolonger, par une esquisse du caractère de ce prince. Dans la conversation il était d'une douce gaîté, et l'assaisonnait souvent de bons mots, dont on a conservé quelques - uns. Il disait que *le menu peuple et les paysans étaient la proie des nobles et des gens d'armes, et ceux-ci du diable ; que les chevaux couraient les bénéfices, et que les ânes les attrapaient ; qu'il n'y avait rien de meilleur pour la vue que les gens de bien.* Dans sa jeunesse il avait aimé les *dames ;* il ne se corrigea guère sur cet article. Sensible, comme il était bon, il aima de passion *Anne de Bretagne*, qui devint son épouse. Il disait à ce sujet, que *l'amour était le roi des jeunes gens, et le tyran des vieillards.* Ce prince n'eut d'enfans que deux filles.

Enfin, si Louis XII, dit Voltaire, ne fut ni un grand héros, ni un grand politique, il eut la gloire plus précieuse d'être un bon roi, et sa mémoire sera toujours en bénédiction à la postérité.

~~~~~~~~~~~~~~~~~~~~~~

BAYARD,

CHEVALIER SANS PEUR ET SANS REPROCHE,

Né en 1476, et mort en 1524.

PIERRE DU TERRAIL BAYARD naquit dans le Dauphiné, l'an 1476, d'une famille distinguée par sa bravoure. Son père le plaça tout jeune en qualité de page auprès du duc de Savoie, afin qu'il apprît, suivant la coutume de ces temps, ce qu'il fallait préalablement savoir pour devenir *chevalier*. Le jeune homme, ayant accompagné à Lyon le duc, qui était venu voir Charles VIII, fut remarqué de ce roi, et lui plut par son adresse à monter un cheval et à le conduire : c'était déjà un des bons écuyers de son temps. Charles le demanda au duc de Savoie, et l'obtint. Bayard, fier d'une distinction semblable, mit toute son application à la mériter. Il reçut le surnom de *Picquet*, et fut recommandé au seigneur *de Ligny*, qui acheva son éducation militaire. Bayard était fait pour honorer son maître. Il y avait environ trois ans qu'il était auprès du roi de France, et était revenu avec lui à Lyon, lorsqu'un vaillant chevalier de Bourgogne, nommé *Claude de Vaudrai*, vint *pour faire fait d'armes à pied et à cheval*, et pendit, suivant la coutume, ses *écus* à des colonnes pour combattre ceux qui y toucheraient. Bayard, qui était sorti de page depuis trois à quatre jours, fut le premier qui courut toucher les écus. Le chevalier vit avec une sorte de pitié sa jeunesse ; mais Bayard le fit bientôt changer d'avis sur ce point ; il combattit si vaillamment, qu'il vainquit ce chevalier, *en présence du roi et de toutes les dames, qui lui donnèrent le prix et l'honneur qu'il avait gagnés.* Tel fut le premier fait d'armes du brave Bayard. Ce début lui donna beaucoup de gloire, et le mit à même de trouver à se distinguer par la suite dans toutes les batailles que soutinrent les Français. Le seigneur de Ligny l'envoya alors à Aire, où était sa compagnie d'ordonnance. Le jeune chevalier dressa un *tournoi et un combat à la barrière pour l'amour des dames.* Il vainquit tous ses concurrens ; mais comme c'était lui qui faisait les frais de ces jeux guerriers, il donna généreusement les prix qu'il avait proposés à ceux qui avaient mieux fait après lui , plus satisfait de la gloire que des prix.

Quand Charles VIII partit avec une nombreuse armée pour conquérir le royaume de Naples , Bayard fut du voyage , et y fit des merveilles , sur-tout à la bataille de Fournoue. Il présenta au roi une enseigne de gens de cheval qu'il avait prise , et reçut en échange cinq cents écus.

Charles étant mort , Bayard ne fut pas moins utile à Louis XII. Ce prince étant aussi parti pour l'Italie , où son prédécesseur n'avait été heureux qu'un instant , Bayard fut un des principaux guerriers de l'armée. Devant Milan il combattit, vainquit et tua un chevalier italien , *Hyacinthe Simoneta ,* qui avait appelé un Français au combat. Bayard contribua beaucoup à la conquête de Milan, et refusa la vaisselle que plusieurs villes du Milanais avaient offerte pour se rendre les généraux français favorables. Toujours avide de gloire , pendant son séjour en Italie , il dressa, en faveur *de la dame de Fluxas, qu'il avait,* dit son historien, *aimée d'un amour honnête , un tournoi où il emporta le prix et la louange de tout le monde , comme celui qui ne pouvait trouver son pareil à la joûte et aux combats de de l'épée et de la hache.*

A la bataille de Novare , et dans la conquête du royaume de Naples , il donna de nouvelles preuves de sa valeur. Dans une bataille où l'armée française était contrainte de battre en retraite , il fit une action qui est presque incroyable : pour faciliter la retraite , seul il soutint , sur un petit pont de bois , l'effort de deux cents chevaliers, et les empêcha de passer ; il en renversa même deux des plus acharnés dans la rivière de Garilan , et ayant été secouru , il mit en fuite ces deux cents hommes, qui n'avaient pu le faire démarrer de sa place. Un courage semblable parut si extraordinaire aux Espagnols , qu'ils disaient *que ce n'était pas un homme , mais un diable. Gonzalve de*

Cordoue, surnommé le *grand capitaine*, général des troupes espagnoles, donna des éloges publics à notre brave chevalier : *La France a des soldats*, dit-il, *mais elle a peu de Bayards.*

Bayard fut par-tout où l'on se battit. Il était avec Louis XII lorsqu'il marcha contre les Génois ; il fut aussi contre les Vénitiens ; accompagna le roi à Crémone, à Guiraddade, jusques à Pescaire ; fut au siège de Padoue ; marcha au secours de la comtesse de Mirandole, du duc de Ferrare, et faillit à faire prisonnier le pape Jules II, *qui*, dit un vieil historien, *en prit la fièvre de peur.* Enfin, devant la ville de Bresse, il reçut un coup de pique dans la cuisse, et fut dangereusement blessé. Son malheur le mit à même de faire une action digne d'une louange immortelle. L'hôte qui l'avait reçu, et chez lequel il se fit panser de sa blessure, fut par la présence et les soins du héros préservé du pillage ; il crut devoir reconnaître ce bienfait, et fit présenter au brave chevalier, par ses deux filles, une somme de deux mille pistoles. Bayard reçut le présent, et

l'offrit aussitôt aux deux jeunes demoiselles,
en les priant d'accepter cette somme
pour leur dot. C'est là un de ces traits bien
rares dans les guerriers d'alors, qui ne
semblaient combattre que pour le gain du
pillage.

Bayard n'était pas seulement le plus
vaillant guerrier de son temps, et celui dont
les sentimens étaient plus généreux ; il
savait encore se vaincre lui-même, et pré-
férait un acte de vertu au plaisir le plus
vif. Dans la force de l'âge et plein de feu,
il devint éperdûment amoureux d'une
jeune personne de Grenoble, où il logeait
alors. Cette jeune fille était pauvre, et
avait le malheur d'avoir une mère pour
qui l'argent était plus que l'honnêteté :
celle-ci ayant appris la passion du chevalier, conduisit elle-même sa fille chez lui.
Bayard alors oublia l'honneur et la vertu : il
ne tarda pas à y revenir. A peine la jeune
fille, qui était d'une beauté rare, se trouva-
t-elle devant lui, qu'elle se jeta à ses pieds,
et les arrosant de ses larmes : *Monseigneur*,
lui dit-elle, *vous ne déshonorerez pas
une malheureuse victime de la misère ,*

dont votre vertu devrait vous rendre le défenseur. Ces mots frappèrent vivement Bayard ; ils lui rappelèrent ce qu'il était, et ce qu'il devait être : *Levez-vous, ma fille*, dit-il avec émotion ; *vous sortirez de chez moi aussi sage et plus heureuse que vous n'y êtes entrée.* Sur-le-champ il la conduisit dans une retraite sûre, et le lendemain il fit appeler sa mère. Après lui avoir fait les reproches qu'elle méritait, il lui donna six cents francs pour marier sa fille à un honnête homme qui l'aimait. Il ajouta cent écus pour les habits et les frais de la cérémonie.

Peu de temps après il se trouva à la célèbre bataille de Ravenne, où il se distingua, suivant sa coutume, et contribua beaucoup au gain de la bataille. Pour honorer son courage et récompenser ses services, le roi lui donna le gouvernement du Dauphiné, et l'envoya ensuite, avec le duc de Longueville, au siége de Pampelune. Comme il était destiné à se trouver aux plus grandes occasions, de retour en France, il fut à la *Journée des éperons*, où les Anglais et les Bourguignons mirent

en

en fuite les Français. Bayard ne pouvait se résoudre à fuir aussi lâchement que ses compatriotes. Accompagné seulement de quinze braves, il soutint pendant quelque temps les efforts de plusieurs corps très-considérables ; mais, forcé à la fin de se rendre, il le fit d'une manière également sage et hardie. Il avait apperçu de loin un gendarme ennemi, qui, voyant les ennemis en déroute et dédaignant de faire des prisonniers, s'était jeté au pied d'un arbre pour se reposer, et avait quitté ses armes: Bayard pique droit à lui, saute de son cheval, et lui appuyant l'épée sur la gorge : *Rends-toi, homme d'armes, lui dit-il, ou tu es mort!* L'Anglais ne pouvait que se rendre, et le fit sans résistance, en demandant le nom de son vainqueur. *Je suis,* répondit le chevalier d'un ton plus adouci, *le capitaine Bayard, qui vous rend votre épée avec la sienne, et qui se fait aussi votre prisonnier.* Quelques jours après le chevalier voulut s'en aller : *Et votre rançon ?* dit le gendarme. — *Et la vôtre ?* lui répondit Bayard ; *je vous ai pris avant de me rendre à vous, et*

3.   E

*j'avais votre parole, lorsque vous n'a-
viez pas encore la mienne.* Cette singulière contestation fut portée au tribunal
de l'empereur et du roi d'Angleterre, qui
décidèrent que les deux prisonniers étaient
mutuellement quittes de leurs promesses.

Le mariage de Louis XII ayant suivi la
paix, il y eut des joûtes et des tournois
magnifiques, où le chevalier se montra
digne de la haute réputation dont il jouissait. Louis XII étant mort, il ne trouva
plus de quoi exercer sa bravoure, que lorsque François Ier. fut porter la guerre en
Italie, à l'exemple de ses prédécesseurs. Il
combattit à côté du roi, à la bataille de
Marignan, contre les Suisses. Etonné de
sa valeur et des actions qu'il lui avait vu
faire, François Ier. voulut être fait chevalier
de la main du héros, et en recevoir l'acco-
lade, suivant l'usage de l'ancienne cheva-
lerie. Bayard défendit ensuite pendant six
semaines Mézières, place mal fortifiée,
contre une armée de quarante mille hommes et de quatre mille chevaux. Le conseil du roi avait résolu de brûler cette place,
qui ne paraissait pas en état de soutenir un

siége : Bayard s'y opposa en disant à François Ier., *qu'il n'y avait point de place faible là où il y avait des gens de cœur pour la défendre.* Cette défense lui acquit tant d'honneur, qu'à son retour à Paris, le roi alla au-devant de lui avec tous les princes, et lui fit faire dans la ville une sorte d'entrée triomphante, le faisant marcher à cheval à côté de lui, et lui donnant la main droite.

L'amiral *Bonnivet* s'étant rendu en Italie, Bayard le suivit en 1523. L'année d'après il reçut, à la retraite de Rebec, un coup de mousquet qui lui cassa l'épine du dos. *Ah ! Jésus, mon Dieu !* s'écria-t-il, *je suis blessé.* Il pria ceux qui l'entouraient de le placer sous un arbre, le visage tourné vers l'ennemi, *parce que*, dit-il, *n'ayant jamais tourné le dos, je ne veux pas commencer à la fin de ma vie.* Il prit son épée dont il baisa la croix en pieux chrétien, et se confessa à un gentilhomme de sa suite, faute de prêtre. Il vivait encore quand *le marquis de Pescaire*, général ennemi, et le *connétable de Bourbon*, qui avait trahi la France,

s'arrêtèrent auprès de lui, en poursuivant
les Français ; ils ne purent s'empêcher de
répandre des larmes sur le sort de ce vaillant guerrier, à qui ses qualités éminentes
et ses vertus avaient mérité le surnom honorable de *Chevalier sans peur et sans
reproche.* Comme le connétable lui témoignait la peine qu'il avait de le voir dans
cette situation, Bayard, qui était franc,
et qui haïssait les traitres, lui dit brusque-
ment : *Ce n'est pas moi qu'il faut plaindre, mais bien vous, qui portez les
armes contre votre prince, votre patrie
et vos sermens.* Il expira peu de temps
après, âgé de 48 ans.

Quoique Bayard n'eût jamais commandé en chef, les troupes le regrettèrent
comme si elles eussent eu perdu le meilleur
de leurs généraux. Plusieurs officiers et
plusieurs soldats allèrent se rendre aux
ennemis, pour avoir la consolation de voir
encore le chevalier. L'ennemi, aussi généreux qu'eux, ne voulut pas qu'ils fussent
prisonniers. On remit son corps, après
l'avoir embaumé, pour être porté à Grenoble, sa patrie. Le duc de Savoie lui fit

rendre les honneurs qu'on rend aux souverains, et le fit accompagner par la noblesse
jusqu'aux frontières.

Bayard fut le dernier *chevalier* français. Après lui il ne resta plus que quelques
traces de cette antique et célèbre institution. Il avait cette vertu naïve et cet hé-
roïsme plein de franchise, qui se sont rarement trouvés réunis, et qui, à ce que
l'on prétend, ont honoré des temps moins
raffinés que les nôtres. Si, avec les plus
grands talens militaires, il ne commanda
jamais en chef, c'est, suivant la réflexion
de *Millot*, qu'il était trop peu courtisan
pour unir la fortune et la gloire.

〜〜〜〜〜〜〜〜〜〜〜〜

FRANÇOIS Ier.,

PROTECTEUR DES LETTRES ET DES ARTS,

Né en 1494, et mort en 1547.

LOUIS XII étant mort sans enfans mâles,
la couronne appartint de droit à *François*,
comte d'Angoulême. Il n'avait alors que

21 ans. Il commit de plus grandes fautes encore que son prédécesseur, et n'eut point ses vertus pour les couvrir. S'il n'eût été protecteur zélé des lettres et des arts, et si, sous ce rapport seul, il n'eût rendu les plus grands services à la France, il est à croire que les historiens l'eussent moins ménagé, et qu'on ne verrait pas son nom figurer parmi le peu de grands rois que nous avons eus. La gloire des lettres, qu'il a protégées, a rejailli sur lui; et l'on a presque oublié qu'il fut roi prodigue et imprudent; qu'il songea plutôt à conquérir qu'à gouverner; qu'à la guerre il se conduisit moins en général habile qu'en soldat aventurier; qu'il vendit les offices les plus sacrés; qu'il autorisa et ordonna les persécutions religieuses; qu'il ne fut franc qu'en indiscret, et manqua même à sa parole; qu'il aima trop les plaisirs, et mourut d'une maladie honteuse, juste fruit de son libertinage.

Louis XII avait fait les préparatifs d'une nouvelle expédition dans le Milanez: François Ier. résolut d'en profiter. Mais l'argent manquait : par les conseils du chancelier du Prat, il eut recours à une ressource que l'on croirait, dit Millot, inventée par un traitant italien, plutôt que par le chef de la justice ; ce fut de vendre les charges de judicature, que le précédent roi avait respectées. On en créa plusieurs dans le parlement de Paris et dans les autres, et la plus importante des fonctions devint malheureusement vénale. Cet abus, continue le même auteur, joint à une augmentation d'impôts, présageait un règne moins équitable que celui de Louis XII.

L'empereur *Ferdinand*, roi d'Arragon, et Léon X, avaient fait une ligue pour maintenir *Sforce* dans le duché de Milan : le cardinal de Sion y avait fait entrer les Suisses, il les avait même engagés à lever cinquante mille hommes, et à défendre le Milanez. Les princes confédérés voyant une si puissante armée, ne pensèrent plus à lever des troupes, et se tinrent en repos. D'abord les Suisses se saisirent de tous les passages des Alpes ; mais l'armée française passa par un chemin qu'un paysan découvrit au roi. Le maréchal de Chabannes surprit *Prosper Colonne* comme

4

il allait se joindre aux Suisses , et le fit prisonnier avec sa cavalerie. Les Suisses se voyant privés de ce secours , écoutèrent quelques propositions d'accommodement ; mais le cardinal de Sion étant arrivé, leur fit rompre le traité qu'ils venaient de faire : ainsi ils marchèrent du côté de Marignan, où on les attendait en bon ordre. L'attaque commença avec furie de part et d'autre. La bataille dura deux jours. François s'y distingua parmi une foule de héros. Le sang-froid ne l'abandonna pas un instant. Il eut son cheval blessé et ses armes faussées. Ayant apperçu dans la mêlée un simple cavalier engagé sous son cheval , de sorte qu'il ne pouvait agir , et deux Suisses près de lui qui allaient le tuer, il avança , quoiqu'il fût seul , écarta les deux Suisses l'épée à la main , et remonta le cavalier. Il avait passé une partie de la nuit qui précéda cette journée mémorable à ranger ses troupes , et l'autre partie sur l'affût d'un canon , à cinquante pas des ennemis. Le vieux maréchal de *Trivulce*, qui s'était trouvé dans dix-huit batailles , disait que ce n'étaient *que des jeux d'en-*

fant en comparaison de celle-ci , qui était *une bataille de géans*. La victoire de Marignan ouvrit le Milanez aux Français. Le duc *Maximilien Sforce* fit cession de ce duché et se retira en France , où il mourut.

Les Génois se déclarèrent pour les Français ; et le pape Léon X , effrayé de leurs succès , vit le roi à Boulogne , et fit aussi la paix. Mais en même temps il obtint , par les louanges qu'il donna au jeune roi , et par sa fausseté , l'abolition de la *pragmatique sanction ,* et conclut en place un *concordat ,* par lequel la nomination des bénéfices ecclésiastiques appartiendrait au roi, tandis que le revenu de la première année de ces bénéfices reviendrait au pape. Ainsi, quoique le moins fort, ce pontife eut l'adresse de nous rendre ses tributaires. Ce fut à-peu-près de cette manière que François premier négocia dans les autres occasions ; ce qui ne donne pas une haute idée de sa politique. Ce *concordat* ne fut reçu qu'avec peine en France. Le clergé , le parlement , l'université , s'élevèrent de concert contre une loi si opposée aux

5

maximes françaises ; mais le jeune roi, plein de sa dernière victoire, et trop confiant en ses idées, parla en maître absolu, et fut obéi.

Les Suisses traitèrent aussi avec François Ier., et s'obligèrent, moyennant une somme considérable, à ne servir aucun état contre le royaume.

L'année d'ensuite *Charles - Quint* et François Ier. signèrent, à Noyon, un traité de paix dont un des principaux articles était la restitution de la Navarre. La mort de l'empereur *Maximilien* rompit bientôt ce traité. Charles et François prétendirent tous deux à l'empire ; tous deux, avant l'élection, affectèrent de paraître cordialement unis. François disait : *Nous faisons tous deux la cour à une même maîtresse : le plus heureux l'emportera ; il faudra bien que l'autre s'en console.* Charles, plus jeune, et moins craint par les électeurs, fut élu ; et le roi de France en fut pour son dépit et les quatre cent mille francs qu'il avait dépensés pour gagner des suffrages. La guerre fut allumée dès-lors, et le fut pour long-temps. Et comment ne l'aurait-elle pas été ? Charles, seigneur des Pays-Bas , avait l'Artois et beaucoup de villes à revendiquer ; roi de Naples et de Sicile , il voyait François Ier. prêt à réclamer ces états au même titre que Louis XII ; roi d'Espagne , il avait l'usurpation de Navarre à soutenir ; empereur, il devait défendre le grand fief du Milanez contre les prétentions de la France. Que de raisons pour désoler l'Europe !

Tandis que Charles était passé en Angleterre pour mettre le roi Henri VIII dans ses intérêts , François Ier. profita de l'occasion pour reprendre la Navarre, qu'il conquit et reperdit en un instant. La guerre s'allume à toutes les extrémités du royaume ; les Impériaux prennent Mouzon ; Bayard fait lever le siége de Mézières , et le roi écrit de remercier Dieu *qui s'est montré bon Français.* Mais le Milanez est encore enlevé à la France ; le pape et l'empereur y rétablissent la maison de Sforce. On prétend, dit Millot, que Léon X mourut de joie en apprenant nos malheurs. La France voyait ligués contre elle , la cour de Rome , l'empereur , le roi d'Angleterre , Ferdinand , archiduc d'Autriche,

6

le duc de Milan, les Vénitiens, les Flo-
rentins et les Génois. Une confédération
aussi formidable fut encore moins funeste
que la révolte du connétable de Bourbon.
François Ier. en fut cause : loin de récompenser les services importans de ce prince,
il permit qu'on le mortifiât. Pour comble
de malheur, la mère du roi devint amou-
reuse de lui, fit des propositions de mariage, et essuya un refus. A la sollicita-
tion de cette femme vindicative, on fut
jusqu'à disputer au connétable tous les
biens de la maison de Bourbon, sous prétexte qu'il ne descendait pas des aînés
en ligne directe. Ce procès fut jugé à son
désavantage, et ses biens furent séques-
trés. C'était réduire au désespoir l'homme
qu'il importait le plus de ménager. Il
traita aussitôt avec l'empereur, et sortit
de France. François Ier., par la suite, paya
cher cette injustice, qui retomba toute entière sur lui, puisqu'il eut la faiblesse d'y
consentir. *Bonnivet*, qu'il envoya en Italie, fut complètement battu ; *Bourbon* et
Pescaire vinrent ensuite prendre Toulon
et assiéger Marseille.

François Ier courut en personne au secours de la Provence ; et, après l'avoir délivrée, il s'enfonça encore dans le Milanez. Ce fut une grande imprudence, dont les plus sages de sa cour voulaient le dissuader ; mais son impétuosité naturelle, jointe au desir de voir une belle Milanaise, dont lui avait parlé Bonnivet, l'entraîna à commettre cette faute. Il assiégea Pavie en hiver, et affaiblit son armée, pour faire diversion du côté de Naples. Bourbon sut profiter de ses fautes : il accourut au secours des ennemis avec une petite armée de douze mille hommes, et livra bataille. François fit des prodiges de valeur, mais inutilement ; il eut deux chevaux de tués sous lui, tua de sa main sept ou huit hommes, et ne succomba que sous le nombre de ceux qui l'attaquèrent. Un nommé *Pomperan*, le seul officier français qui eût suivi le connétable, arriva à propos pour le préserver de la fureur du soldat : s'étant jeté à genoux il le conjura, au nom de son intérêt, de se rendre. En même temps parut le connétable de Bourbon ; et le roi frémissant de colère à sa

présence : *Moi !* s'écria-t-il , *me rendre à un traître qui a violé sa foi , abandonné son roi et trahi la patrie ! la mort me serait mille fois moins cruelle. Qu'on appelle Lannoy !* ajouta-t-il ; *c'est à lui que je puis me rendre sans honte.* Lannoy, général de l'empereur, sous les ordres de Bourbon, parut en effet ; et ce fut à lui que le roi remit son épée. *Monsieur de Lannoy , lui dit-il , voilà l'épée d'un guerrier qui mérite d'être loué , puisqu'avant que de la perdre, il s'en est servi pour répandre le sang de plusieurs des vôtres , et qu'il n'est pas prisonnier par lâcheté , mais par un revers de fortune.*

François avait un grand fonds de courage , et sa fermeté le mit au-dessus de son malheur. Il écrivit à sa mère : *Madame , tout est perdu , hormis l'honneur.*

Charles-Quint, en apprenant cette nouvelle , affecta une modération qui n'était nullement dans son cœur. Il ne permit point que l'on fît des réjouissances publiques, et n'en mit pas moins des conditions très-dures à la liberté du roi de France.

Il voulut que François restituât la Bourgogne ; qu'il cédât la Provence et le Dauphiné au duc de Bourbon , pour les posséder à titre de royaume ; qu'il renonçât à
toutes ses prétentions sur l'Italie , et qu'il
satisfît le roi d'Angleterre par rapport
aux provinces de France dont il prétendait recouvrer la possession. La réponse
du roi fut conforme à sa grandeur d'ame ;
il protesta de finir plutôt ses jours en prison, que de démembrer ses états ; ajoutant
que , s'il était assez lâche pour le faire , ses
sujets n'auraient pas la faiblesse d'y consentir.

Cependant l'ennui de la prison , et les
dangers que courait la France , le firent
changer de sentiment. « Il voulait enfin ,
dit Millot , à quelque condition que ce fût,
se retirer des mains de son ennemi , persuadé qu'il pourrait *en conscience et en
honneur ne pas tenir des promesses ar-
rachées par la violence.* L'empereur ,
qui demandait à être mis en possession de
la Bourgogne avant la délivrance du roi, se
relâcha sur ce point , qu'on n'avait garde
d'accorder. Par le traité conclu à Madrid ,

François cédait la Bourgogne et ses droits
de suzeraineté sur l'Artois, la Flandre,
etc. ; *il s'engageait à revenir dans sa
prison, en cas que la Bourgogne ne
fût pas restituée dans six semaines.*
Ses deux fils devaient servir d'ôtages, ou
le dauphin, avec un nombre des premières
têtes du royaume. Ses deux fils furent
donc livrés entre les mains des Espagnols,
au moment qu'il reçut la liberté ; mais
quand il fut sommé d'exécuter sa promesse, il répondit que cette affaire inté-
ressait tout le royaume, et qu'il ne pouvait
la finir que de concert avec les états-généraux. Bref, aucune des promesses ne fut
remplie ; et moyennant deux millions
d'or, il racheta la liberté de ses deux enfans. On ne peut disconvenir que François
agit le plus politiquement ; mais c'est sa
seule excuse. Il faut remarquer que c'est
presque l'unique fois qu'il se montra *politique*, comme on l'entendait alors, et
qu'il fut dissimulé : car, par caractère, il
était aussi indiscret que généreux. Dans une
semblable circonstance, il se fût montré
plus grand que Charles-Quint ; il en donna

par la suite une preuve , et fut payé par l'empereur en même monnaie que celle qu'il avait donnée.

Il se forma alors une alliance entre le pape , le roi de France , Venise et toutes les puissances d'Italie, pour arrêter les progrès de l'empereur. François , l'ame de cette ligue , envoya *Lautrec ,* qui se rendit maître d'une partie de la Lombardie , et qui aurait pris Naples, si la peste n'eût dévasté son armée et ne l'eût enlevé lui-même. *André Doria ;* dont les galères avaient battu celles de l'empereur, trahit la France dans ces entrefaites. Ces pertes hâtèrent la paix , qui fut conclue à Cambrai , en 1528. Le roi de France renonça à une partie de ses prétentions, et épousa *Éléonor ,* veuve du roi de Portugal et sœur de l'empereur.

Ce fut dans ces circonstances qu'il racheta ses deux fils. Le chancelier *Duprat,* qui était un de ces hommes sans vertu , qui croient que tout est bon quand il en résulte quelque profit , lui fit à cette occasion commettre une faute dont la honte retomba sur lui. Les finances étaient épuisées, autant par les plaisirs que par la guerre : Duprat, pour regagner quelque chose sur la somme des deux millions, s'avisa de faire frapper des espèces de moindre aloi que celles qui avaient cours. Cette supercherie, jointe à la faiblesse qu'avait eue François Ier., lui fit perdre la confiance de l'Europe.

A peine la paix fut-elle conclue, qu'il travailla sourdement à faire des ennemis à l'empereur. Le Milanez, source intarissable de guerres, et le tombeau des Français, tentait toujours son ambition. En 1535 il passa encore en Italie, et s'empara de la Savoie, tandis que de son côté l'empereur se jeta sur la Provence, assiégea Marseille, et en fut repoussé. François s'unit avec *Soliman II*; et cette alliance avec un empereur mahométan fut pour ses ennemis un prétexte de calomnie. Enfin, las d'une guerre qui ne servait qu'à désoler la France, il conclut avec Charles-Quint une trève de dix ans.

Les Gantois s'étant révoltés contre l'empereur, offrirent à François Ier. de se rendre à lui avec le pays. Le roi, non-seulement refusa généreusement, mais il accorda le passage à Charles-Quint, à la condition d'obtenir l'investiture du Milanez. Il le reçut avec les plus grands honneurs, sans demander même sa promesse par écrit. Une franchise mal-entendue multiplia ses fautes. Il eut l'imprudence d'agir en ami avec un ennemi rusé, dont le caractère était si connu : il lui confia les secrets du roi d'Angleterre, et lui fournit les moyens de le brouiller, non-seulement avec l'Anglais, mais avec le Turc. A l'occasion de ce passage, un fou de la cour, nommé *Triboulet*, dit qu'il avait écrit sur ses tablettes, que Charles-Quint était plus fou que lui de s'exposer à passer par le royaume. *Mais*, dit le roi, *si je le laisse passer sans lui rien faire ? Cela est bien aisé*, reprit Triboulet ; *j'effacerai son nom et j'y mettrai le vôtre.*

La comtesse d'Étampes, maîtresse en titre, lui conseilla de tirer parti de la circonstance. *Voyez, mon frère, cette belle dame*, dit François à l'empereur ; *elle est d'avis que je ne vous laisse pas partir, que vous n'ayez révoqué le traité* de Madrid. — *Si l'avis est bon , il faut le suivre* , répondit Charles sans paraître ému. En ne suivant point ses conseils , François Ier. fit l'action d'une ame vraiment grande et généreuse ; le parti contraire lui eût été plus avantageux , mais il l'eût couvert d'opprobre : s'il fut blâmable , c'est d'avoir été indiscret , et de n'avoir point pris ses précautions avec un homme qui n'avait pas la réputation de tenir sa parole. Charles fut effectivement à peine hors de France , qu'il soutint qu'il n'avait rien promis. François Ier. avait aussi été de mauvaise foi , mais les circonstances et la dureté de son vainqueur lui servaient au moins d'excuse ; tandis que Charles , qui était venu en France et avait fait une promesse de son plein gré , n'avait rien qui l'excusât , et était absolument un malhonnête homme.

Cette mauvaise foi fit renaître une nouvelle guerre. François envoya des troupes en Italie , dans le Roussillon et dans le Luxembourg. Le comte d'*Enguin* battit les Impériaux à Cérizole , en 1544 , et se rendit maître du Montferrat. La France ,

unie avec *Barberousse* et *Gustave Wasa*,
se promettait de plus grands avantages,
lorsque Charles-Quint et Henri VIII, li-
gués contre François Ier, détruisirent toutes ses espérances, en pénétrant dans la
Picardie et la Champagne. L'empereur
était déjà à Soissons, et le roi d'Angleterre
prenait Boulogne. Le luthéranisme fit le
salut de la France. Les princes luthériens
d'Allemagne s'étaient unis contre l'empereur ; et celui-ci, sentant le besoin pressant
de tourner ses soins au sein même de l'empire, fit la paix à Crespi en Valois, en
1544. Délivré de l'empereur, François s'ac-
commoda ensuite avec le roi d'Angleterre.

Ce fut sous le règne de François Ier. que
s'élevèrent ces schismes, qui depuis ont
fait deux grandes sectes bien distinctes du
christianisme. L'origine en est due à la
plus misérable des causes. Léon X, qui
aimait singulièrement le faste et les plaisirs, et qui était toujours à court d'argent,
s'avisa d'un expédient qui est un véritable
sacrilége, quoique bien des gens le voient
sous un point de vue contraire : ce fût de
vendre par toute la chrétienté, les *indul-*

gences, c'est-à-dire , la rémission auprès de Dieu des fautes et des crimes. Cette ressource , d'autant plus criminelle qu'elle est subversive de toute morale , n'était pas nouvelle ; mais Léon X en abusa. *La manière dont on distribua les graces ,* dit l'abbé Millot, *ressemblait trop à une vente publique. Il y eut des bureaux d'indulgences jusques dans les cabarets.* Les Dominicains furent chargés de ce commerce en Allemagne , en dépit des Augustins qui les regardaient comme un privilége de leur ordre. *Luther,* qui était Augustin, crut devoir défendre les siens ; il écrivit contre le pape, et fut applaudi. Cet essai l'encouragea ; il écrivit alors contre certains dogmes , et ceci devint plus sérieux. Quelques personnes d'abord l'écoutèrent, et ensuite un plus grand nombre. *Zuingle* et *Calvin* l'imitèrent. Une *religion réformée* s'établit ; on persécuta, et , suivant l'impulsion du cœur humain, chacun s'empressa d'adopter une religion où il y avait des martyrs.

François Ier. fut aussi pour sa part dans les cruelles persécutions que l'on fit souf-

frir aux *réformés*. Les *Vaudois*, sur-
tout, sentirent cet esprit cruel d'intolé-
rance. « Le parlement de Provence rendit
contre eux un arrêt barbare, qui condam-
nait au feu les pères de famille de Mérindol, confisquait tous les biens des habitans,
ordonnait de raser toutes les maisons, de
déraciner tous les arbres des vergers, et
même ceux des forêts voisines. L'exécution
en fut suspendue quelques années. On
aurait dû en abolir la mémoire ; mais le
premier président d'Oppède ayant dépeint
ces hérétiques comme des séditieux, le
cardinal de Tournon, grand zélateur, engagea le monarque à ordonner l'exécution
de l'arrêt. Ni l'un ni l'autre, sans doute,
ne prévoyaient les atrocités que d'Oppède
et l'avocat-général Guérin allaient commettre. Unis au baron de la Garde, qui ra-
menait des troupes d'Italie, il se jetèrent
sur ces malheureux. Trois mille personnes, sans distinction d'âge ni de sexe,
furent massacrées pour l'honneur de la foi
chrétienne. Mérindol, Cabrières, vingt-
deux bourgs ou villages furent mis en cendres. Quel moyen d'honorer la religion !

Le roi en eut horreur; mais ces crimes restèrent impunis. » *(Millot.)*

François Ier. portait dans ses veines, depuis neuf ans, le poison de son libertinage.
Il avait eu pour maîtresse une bourgeoise,
que l'on nommait la *belle Féronière*. Le
mari de cette femme, désespéré de son in-
fidélité, et ne pouvant se venger ouvertement de celui qui portait le déshonneur et
le désordre dans son ménage, eut recours
à un moyen qui lui fut funeste à lui-même.
Le mal apporté de l'Amérique était alors
nouveau et sans remède : ce malheureux
puisa ce mal horrible, le communiqua à sa
femme, et empoisonna ainsi le roi, qui
mourut en 1547, le dernier de mars, à
l'âge de 53 ans.

Si nous ne voyions François Ier. qu'occupé de la guerre, nous ne connaîtrions
pas ses véritables titres à la gloire; c'est
comme *restaurateur des lettres* en
France, qu'il est placé parmi les grands
princes : si elles brillèrent avec plus d'éclat
en Italie, par les soins du pape Léon X
et des Médicis, elles furent cultivées en
France avec assez de succès, pour annoncer

cer les prodiges qu'elles devaient un jour y
faire éclore. On s'apperçut bientôt que ce
prince se plaisait à la conversation des savans, qu'il les honorait d'une estime particulière, et que la science et l'habileté en
tous les genres étaient un titre pour avoir
part à ses bienfaits. C'est par une suite de
ce commerce qu'il aimait à avoir avec les
savans, qu'il conçut le noble dessein de
remettre les sciences en honneur : c'est
ainsi que *Jean du Bellay*, évêque de
Paris, puis cardinal, *Pierre du Chas-
tel*, qui fut son lecteur, ensuite évêque
de Mâcon, eurent tant de part à ses bienfaits, et firent tous leurs efforts pour mériter sa protection. On commença à voir
en France des évêques et des magistrats
savans. *François Olivier* obtint la dignité
de chancelier ; *Guillaume Budé*, *La-
zare Baïf*, celle de maîtres des requêtes ; *Jacques de Mesmes* s'éleva par la
même voie. Cette sage politique, ou plutôt ce noble goût du monarque, qui ouvrait
la voie des honneurs et de la fortune au
mérite dans tous les genres, excita une si
puissante émulation, qu'il en résulta dans

3. F

les connaissances et les mœurs une révolution totale, au grand avantage de la
France. François Ier., par les conseils des
gens instruits qui l'entouraient, forma à
Fontainebleau le commencement de la bibliothèque nationale. *Jean Lascaris*,
illustre savant, échappé des ruines de
Constantinople, fut envoyé par ses ordres
dans le Levant et les pays étrangers, pour
y recueillir des livres et des manuscrits.
L'imprimerie royale fut fondée. Il institua
le collége royal à Paris, pour les langues
latine, grecque et hébraïque, pour les
mathématiques, la philosophie et la médecine. Les enfans de toute condition fré-
quentèrent les classes; et les nobles, un
peu décrassés, n'eurent plus honte d'être
et de paraître instruits. Le roi lui - même
cultiva les sciences : on a de lui quelques
petites pièces de vers qui valaient quelque
chose de son temps.

Les beaux arts marchèrent à la suite
des lettres. L'architecture déploya sa magnificence. Fontainebleau, et plusieurs autres édifices sont des monumens élevés
par ses soins.

Avant lui les actes publics étaient écrits
en latin, quoiqu'il fût essentiel que tout
le monde les entendît. Son bon sens naturel lui fit rectifier cet abus, qui était
d'autant plus répréhensible, que ce latin
n'était souvent qu'un composé de barba-
rismes inexplicables. On raconte qu'un
seigneur lui fit sentir l'absurdité de cette
coutume, en lui rendant compte d'un grand
procès qu'il venait de perdre. *J'étais venu
en poste*, dit-il, *pour assister au jugement; à peine suis-je arrivé, que votre
parlement m'a débotté. Comment! débotté?* reprit le roi. — *Oui, sire, m'a
débotté; car voici les termes de l'arrêt:*
Dicta curia debotavit et debotat dictum
actorem.

Voici le parallèle que *Mezerai* fait de
François Ier. et de Charles - Quint, son
rival. « Si l'on veut, dit-il, faire quelque
comparaison entre ces deux princes, on
peut dire que Charles était plus prudent,
plus prévoyant, plus intelligent dans les
affaires; François plus vaillant, plus généreux. Charles était subtil, couvert, dissimulé, grand imitateur des ruses et des

voies obliques du roi Louis XI ; François *était religieux à tenir sa parole*, ouvert, plein de franchise : Charles, fort modéré à l'extérieur dans ses plaisirs, ménager, actif et défiant ; François, trop livré à sa passion pour les femmes : Charles, sévère, grave, arrogant, taciturne ; François, clément, familier, affable, éloquent ; en un mot, celui-ci avait des vertus éclatantes et des vices ruineux ; mais celui-là des vices utiles et des vertus politiques. »

GUSTAVE WASA,

ROI DE SUÈDE,

Né en 1450, et mort en 1560.

GUSTAVE, fils *d'Eric Wasa*, duc de Gripsholm, parvint au trône par un courage peu commun. *Christiern II*, roi de Danemarck, s'étant emparé de la Suède en 1520, fit enfermer le jeune duc dans les prisons de Copenhague. Hardi, entreprenant, Gustave trouva le moyen de s'échapper des fers, et se retira dans les montagnes de la Dalécarlie, où il erra long-temps. Son guide le vola, et le laissa absolument sans ressource. Un autre eût succombé à ce malheur. Gustave était au-dessus du malheur même : il pouvait travailler aux mines de cuivre, et c'est ce qu'il fit sans répugnance. Quoiqu'abattu par la fortune, il ne désespérait de rien cependant, et songeait sans cesse à venger sa patrie. Il vint à bout de soulever les Dalécarliens, se mit à leur tête, chassa Christiern, et reprit Stockolm. Dans le transport de leur admiration, les Suédois le choisirent pour roi, en 1523. Il était digne de commander aux hommes, et bientôt ses grandes qualités firent compter la Suède au nombre des nations prépondérantes de l'Europe. Il établit dans ses états le luthéranisme, s'empara d'une partie des biens du clergé, en laissant cependant au peuple, qui murmurait, quelques évêques dont il avait diminué les revenus et le pouvoir. Il fit ensuite aux états de Westeras, en 1544, déclarer la couronne héréditaire. « C'était, dit Raynal, un

3

homme supérieur, né pour l'honneur de sa
nation et de son siècle, qui n'eut point de
vices, peu de défauts, de grandes vertus,
et encore de plus grands talens. » Il mourut
en 1560, âgé de 70 ans.

~~~~~~~~~~~~~~~~~~~~~~~~~~~~~~~~

CHARLES-QUINT,

EMPEREUR ET ROI,

Né en 1500, et mort en 1559.

CHARLES-QUINT naquit à Gand,
l'an 1500, de *Philippe*, archiduc d'Autriche, fils de l'empereur *Maximilien* et
de *Jeanne* de Castille, fille unique de
Ferdinand et d'*Isabelle*. Archiduc après
la mort de son père, en 1506; déclaré roi
d'Espagne en 1516, il fut empereur trois
mois après. Nous avons vu que François Ier.
lui disputa ce titre, et que leur rivalité,
jointe aux prétentions du roi de France sur
le Milanez, fit naître de cruelles guerres,
dont le résultat fut le malheur des hommes
qui y eurent part : nous ne parlerons plus

de ces guerres ; nous ferons seulement ressouvenir qu'après la prise de François Ier. , Charles affecta une modération que sa conduite ne confirmait nullement ; il défendit l'allégresse publique. *Les chrétiens, dit-il, ne doivent se réjouir que des victoires qu'ils remportent sur les infidèles.* François Ier. étant arrivé à Madrid, il refusa long-temps de le voir, sous prétexte que cette entrevue était embarrassante pour tous deux. Cette conduite offensa François Ier.; il en conçut un chagrin qui le fit tomber malade, et mit sa vie en danger. L'empereur pensant de quelle conséquence était pour lui la vie de ce prince, puisque s'il fût mort il perdait tout le fruit de sa victoire, se vit obligé de rabattre de sa fierté, et vint le voir. Dès qu'il fut à la porte de la chambre de François, il se découvrit ; et comme il approchait du lit, le roi prenant la parole, lui dit : *Monsieur, vous venez voir votre prisonnier ? Non*, repartit l'empereur, *je viens voir* MON FRÈRE ET MON AMI*, que je veux mettre en liberté.* Ces belles paroles, comparées aux de-

4

mandes qu'il faisait pour la rançon du roi, n'annoncent qu'un de ces caractères odieux qu'on décore du nom de *politique* , et qui ne doivent avoir d'autre nom que celui d'hypocrite.

Charles donna encore une marque éclatante de cette hypocrisie ; ses troupes, sous la conduite de *Bourbon* , ayant fait le siége de Rome , l'enlevèrent d'assaut , et y commirent toutes sortes d'horreurs. Le pape, qui s'était réfugié au château Saint-Ange , fut bientôt obligé de se rendre. Charles , ayant appris cette nouvelle, en parut extrêmement affligé et prit le deuil ; et tandis qu'une simple lettre de sa part eût suffi pour faire rendre la liberté au pape, ce fourbe, par un raffinement d'hypocrisie qu'on peut à peine concevoir, ordonna des processions et des prières publiques : pour demander à Dieu la délivrance du chef de l'Église. Un trait semblable , à mon avis , est fait pour gâter la vie la plus belle. Si ce n'est pas un grain de folie, qui peut très-bien se trouver avec les plus grandes qualités , il faut avouer que c'est une hypocrisie abominable. Je sais que les *politiques* dirent que ce fut plutôt un trait de prudence , par lequel, tout en jouissant de ses droits de vainqueur sur le chef de l'église , il appaisait les gens peu éclairés et les fanatiques. Cela peut être ; mais un prince qui poussa la politique jusque-là , ne fut certainement pas un honnête homme. Quoi qu'il en soit , tout en priant Dieu pour la délivrance du pape , il le retint prisonnier pendant six mois , et lui fit payer très-chèrement sa liberté.

Après avoir terminé les guerres qu'il avait en Europe , il passa en Afrique avec une armée de plus de cinquante mille hommes , et commença ses opérations par le siége de la Goulette , la prit , et défit le fameux Barberousse. Cette victoire lui ouvrit les portes de Tunis , où il rétablit *Mulei-Hassen* sur le trône , et rendit la liberté à vingt-deux mille esclaves chrétiens. Ce fut là la plus utile et la plus belle action de sa vie. Il était aussi brave que vigilant: comme il pouvait être à toute heure dans le cas de donner ou de recevoir bataille , il marchait toujours en avant , au milieu

5

des enfans perdus. Le marquis *du Guast* fut obligé de lui dire : *Comme général, je vous ordonne de vous placer au centre de l'armée, avec les enseignes.* Ce prince, qui maintenait avec la plus grande sévérité la discipline militaire , donna dans cette circonstance l'exemple de l'obéissance. A l'occasion de cette sévérité dans le maintien de la discipline , voici un trait qui montre jusqu'à quel point son caractère était inflexible. Dans le temps qu'il faisait la guerre aux protestans, près d'Ingolstadt, un homme du parti ennemi, d'une stature énorme et armé d'une hallebarde , venait chaque jour entre les deux camps, provoquer les plus braves impériaux. Charles-Quint fit faire défense, sous peine de la vie, à tous les siens, d'accepter le défi. Ce fanfaron revenait tous les jours , et s'approchant du quartier des Espagnols, leur reprochait leur lâcheté dans les termes les plus injurieux. Un soldat nommé *Tamayo*, ne put souffrir l'insolence de ce nouveau Goliath ; il prit la hallebarde d'un de ses camarades , et se laissant couler le long des retranchemens il alla l'attaquer, et sans

avoir été blessé lui porta un coup de hallebarde dans la gorge, et le jeta sur le car-
reau. Il prit ensuite l'épée du géant, dont
il lui coupa la tête, et l'apporta dans le
camp : il fut la présenter à l'empereur, et
se jeta à ses pieds pour lui demander sa
grace. Charles-Quint la lui refusa durement, et rejeta les prières des principaux
officiers de l'armée. Les troupes espagnoles, instruites de ce qui se passait,
furent indignées de la féroce inflexibilité
de leur roi, et se révoltèrent, ne pouvant
souffrir qu'un brave soldat fût puni d'avoir
eu trop de valeur. Cette révolte intimida
Charles, et il remit le vaillant Tamayo au
duc d'Albe, qui lui accorda sa grace.

Charles - Quint revint si gonflé de ses
avantages en Afrique, qu'il affecta hautement de mépriser François Ier., et vint
porter la guerre dans la Provence. Il se
croyait si assuré d'envahir la France entière, qu'il répondit à *Pierre de la Baume*,
qui le priait de le rétablir sur son siége de
Genève, d'où il avait été chassé par les calvinistes : *M. l'Evêque, quand j'aurai
pris la France pour moi, je prendrai*

6

Genève pour vous. Il demandait aussi à un Français de ses prisonniers, combien il y avait de journées d'une place où il se trouvait dans la Provence jusqu'à Paris. *Si, par journées*, lui répondit le Français, *vous entendez des batailles, il peut y en avoir seize, à moins que vous ne soyez battu dès la première*. Malgré son orgueil et ses espérances, il fut obligé de conclure à Nice une trêve de dix ans, en 1538. Ce fut l'année d'ensuite qu'il traversa la France pour aller châtier les Gantois, qui s'étaient révoltés. Nous avons vu avec quelle générosité François Ier. lui laissa libre le passage de la France, et n'en eut d'autre prix qu'un manque de parole. Un cavalier espagnol dit à Charles : Si les Français ne vous retiennent point prisonnier, ils seront bien faibles ou bien aveugles. *Ils sont l'un et l'autre*, répondit l'empereur, *et c'est sur cela que je me fie*. Il aurait, observe un historien, plutôt dû répondre : Ils sont généreux, et c'est ce qui me tranquillise. Son peu de bonne foi à l'égard des Français amena une nouvelle guerre. La bataille de Cériroles , gagnée par les Français , fit faire la paix à Crépi , en 1542.

La dissimulation de son caractère se montra dans la guerre qu'il entreprit contre les protestans , comme elle s'était montrée dans les guerres contre François Ier. L'éloge qu'il faut lui donner à ce sujet , c'est qu'il était assez porté à laisser la liberté de conscience. *Maurice ,* électeur de Saxe , et *Joachim ,* électeur de Brandebourg , ligués avec Henri II , successeur de François Ier., le forcèrent, en 1552 , de signer la paix de Passaw. Charles - Quint ne fut pas plus heureux devant Metz , qu'il était venu assiéger avec une armée d'environ cent mille hommes. La vigoureuse résistance qu'on lui opposa lassa sa patience , et le força à lever le siége. Il s'en vengea sur Térouane , qu'il prit et rasa l'année suivante.

Cependant , voyant sa fortune vieillir et ses infirmités augmenter , Charles-Quint prit une résolution assez peu ordinaire aux souverains ; ce fut de se démettre de ses états : premièrement, de la couronne d'Espagne et des Pays-Bas , en faveur de Phi-

lippe, son fils. Il assembla pour cela les états
à Bruxelles : il leur rappela tout ce qu'il
avait fait depuis l'âge de dix-sept ans ; il
cita neuf voyages en Allemagne, six en
Espagne, quatre en France, dix aux Pays-
Bas, deux en Angleterre, autant en Afrique. Il parla des paix, des guerres, des
alliances qu'il avait faites. Il ajouta qu'il
ne s'était proposé d'autre fin dans toutes
ses entreprises, que la défense de la religion et de l'état ; que tant qu'il avait eu
de la santé, il avait, par la grace de Dieu,
réussi dans ses desseins ; qu'il profitait
encore de la tranquillité de son esprit pour
exécuter la résolution qu'il avait prise à
loisir de se démettre de ses états. *Mais*,
ajouta-t-il, *comme les forces me man-*
quent, je sens que j'approche de ma
fin. Au lieu d'un vieillard infirme, je
vous donne un prince jeune et d'un
mérite distingué.

Ensuite il adressa la parole à son fils,
en ces termes : *Si vous fussiez entré par*
ma mort en possession de tant de pro-
vinces, j'aurais sans doute mérité quel-
que chose d'un fils, pour lui avoir laissé

un si riche héritage ; mais puisque je
vous en fais jouir par avance , je vous
demande que vous donniez aux soins
et à l'amour de vos peuples ce que vous
me devez. L'antiquité offre peu d'exem-
ples de l'abdication que je fais , et je
serai peu imité dans la postérité ; mais
au moins on louera mon dessein , lors-
qu'on verra que vous méritiez qu'on
commençât par vous.

Un an après , Charles-Quint tint une
assemblée beaucoup plus nombreuse , et y
abdiqua l'empire. Ainsi ce puissant souverain , dont la volonté avait pendant si
long-temps fait en quelque sorte le destin
de l'Europe ; se trouva, par sa volonté encore, simple particulier. C'eût été un bel
effort de courage, s'il eût su goûter en paix
les charmes de sa nouvelle condition ; mais
un homme qui avait passé sa vie à former
des projets plus ambitieux les uns que les
autres, et qui avait tourmenté une partie
de la terre, n'était pas propre à trouver en
lui le plaisir qui dédommage de l'ambition.
Il ne tarda pas à se repentir d'une action
qu'il avait faite dans un moment de dé-

goût, ou dans le desir d'augmenter sa
réputation. Ce fut sur-tout en abordant
les côtes d'Espagne, et en arrivant à Bur-
gos, qu'il s'apperçut que l'homme, dans un
souverain, est bien au-dessous de la puissance qui l'environne : quand il ne vit
qu'un très-petit nombre de grands venir
au-devant de lui, il connut toute la nullité
où il s'était réduit. Il n'avait plus rien à
donner, et l'on ne pensait presque plus à
lui. Son chagrin fut encore plus amer quand
on le fit attendre après une partie de la
pension de deux cent mille écus qu'il s'é-
tait réservée.

Il avait choisi pour sa retraite le mo-
nastère de St.-Just, situé dans l'Estramadure, du côté du Portugal. La promenade,
la culture des fleurs, les expériences de
mécanique, les offices, et les autres
exercices claustraux, remplirent tout son
temps sur ce nouveau théâtre. Tous les ven-
dredis de carême, il se donnait la discipline avec la communauté. Un matin, qu'il
éveillait à son tour les religieux, il secoua
fortement un novice enseveli dans un
profond sommeil ; le jeune homme,

se levant à regret, lui dit d'un ton chagrin : *C'était bien assez que vous eussiez
troublé le monde, sans venir encore
troubler ceux qui en sont sortis.*

Nous avons dit qu'un grain de folie peut
fort bien se trouver dans la meilleure tête ;
il est à croire que Charles - Quint avait
quelques - uns de ces caprices momenta-
nés qui ne sont pas d'un esprit tout-à-fait
rassis. La scène aussi extraordinaire que
scandaleuse qu'il joua quelque temps avant
sa mort, en est une preuve irrécusable.
Ce prince, qui avait passé pour le plus
prudent de son siècle, s'avisa de vouloir
être témoin de ses obsèques. Il se mit dans
un cercueil, et se fit placer au milieu de
l'église, avec le drap mortuaire sur son
corps et un grand nombre de cierges al-
lumés autour de lui. On chanta les offices
des morts, et il entendit toutes les prières
que l'on adresse à Dieu pour ceux qui ne
sont plus. A coup sûr un acte tel n'est pas
d'un homme qui jouit de tout son bon sens.

Il mourut deux ans après cette comédie,
âgé de 59 ans, en ayant régné 38 comme
empereur, et 44 comme roi d'Espagne.

CLÉMENT MAROT,

POÈTE FRANÇAIS,

Né en 1495 , et mort en 1544.

CLÉMENT MAROT naquit à Cahors, l'an 1495. Son père, *Jean Marot,* lui inspira du goût pour la poésie française, alors dans son enfance. Il eut bientôt surpassé son père et tous les poètes du temps. Son plus grand mérite est d'avoir senti tout ce qu'avait de naïf notre langue encore mal formée, et d'en avoir tiré parti avec autant de grace que d'esprit : rien de plus aimable que son badinage ; c'est une suite de traits lancés avec une sorte de bonhomie qui décèle l'esprit le plus fin et le plus délicat. C'est à la nature seule qu'on doit un talent semblable ; aussi Marot devait-il peu à l'étude : il ne sut jamais le latin que très-médiocrement. Il faisait des vers en se jouant, et s'occupait beaucoup plus de ses plaisirs que des sciences.

Clem. Marot.

Le Camoens.

Le Tasse.

Michel Cervantes.

Michel l'Hopital.

Jean Hennuyer.

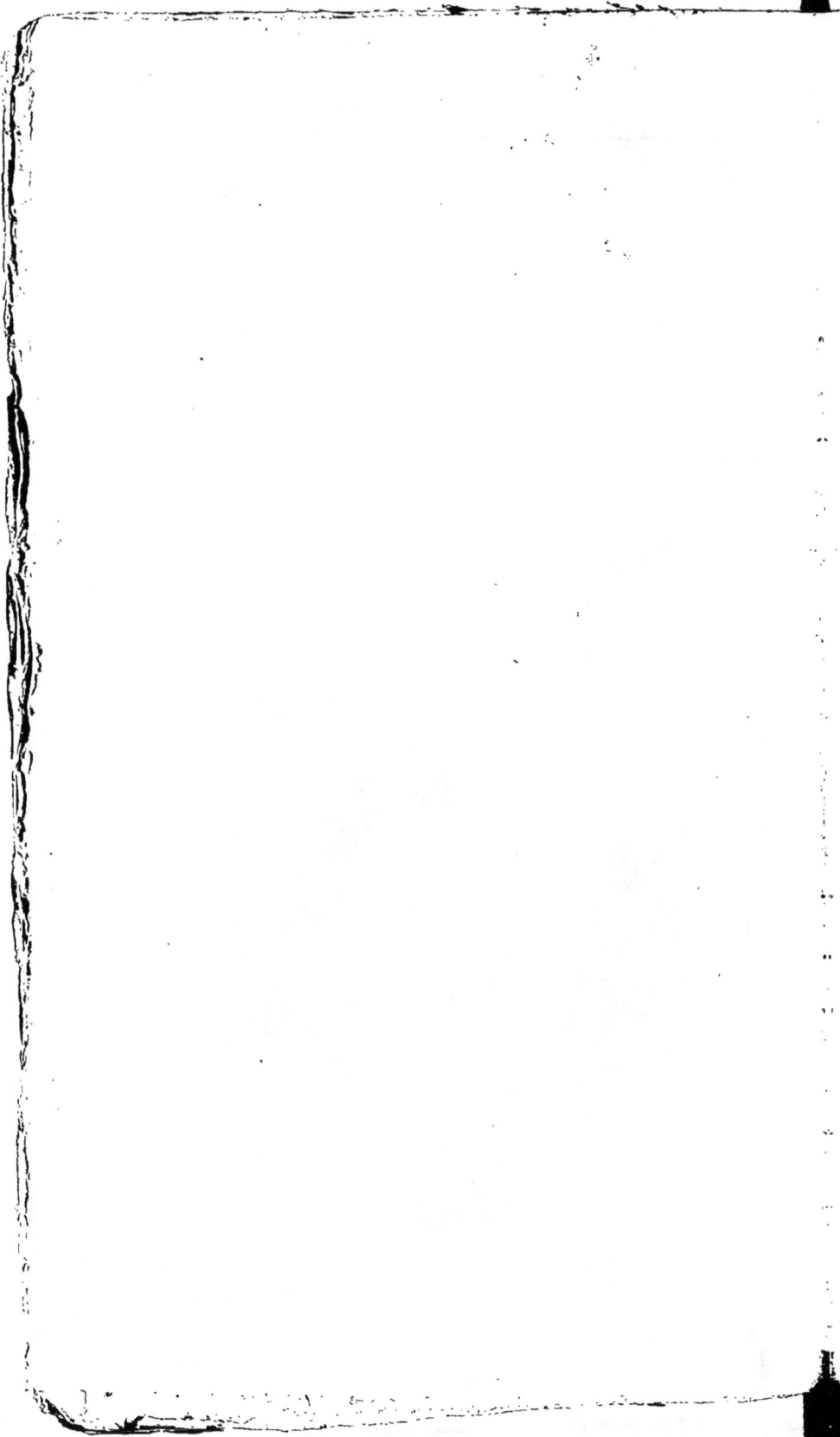

Il avait succédé à son père dans l'emploi de valet de chambre du roi. François Ier., qui aimait les sciences et les arts, le distinguait, d'une manière honorable, des poètes alors en réputation. Marot suivit ce prince en Italie, fut blessé au bras gauche à la bataille de Pavie, et fait prisonnier. De retour en France, il eût pu vivre agréablement à la cour de François Ier., si le dangereux plaisir de dire son opinion sur la réforme de Calvin ne lui eût attiré des persécutions. Il était, dans le fond, plus protestant que catholique, et ne s'en cachait pas assez. On l'arrêta donc, et on l'enferma au Châtelet; ensuite on le transféra à Chartres. Il paraît accuser *Diane de Poitiers* de son malheur, dans le poëme où il décrit sa prison, et qu'il intitula l'*Enfer*. On rapporte qu'en effet il fut aimé de cette dame, en obtint des faveurs, et fut indiscret, suivant sa coutume. Diane s'en vengea. On ajoute même qu'elle le dénonça à l'inquisiteur, comme ayant mangé de la viande un jour que l'église ordonne de faire maigre; Marot était assez mauvais catholique pour cela, mais il est à croire que ce trait est un conte.

Quoi qu'il en soit, les amis du poète s'employèrent pour lui, et sollicitèrent sa liberté. François Ier. fut si charmé de son poëme de l'*Enfer*, qu'il écrivit lui-même à la cour des aides pour le faire élargir. Marot ne se croyant pas cependant en sûreté en France, se retira en Bearn, auprès de la *reine de Navarre*, qui aimait les lettres et les cultivait avec succès. On dit encore que Marot plut à cette reine, et n'eut pas plus de discrétion que la première fois. Il fallut de nouveau chercher un autre asyle; il passa les Alpes, et fut se réfugier à Ferrare, auprès de la duchesse *Renée de France*. Etourdi, imprudent, et, pour tout avouer en un mot, fort mauvais sujet, il s'avisa de tirer un criminel des mains des archers. Nouvelle prison pour cet exploit, et nouvel élargissement. Par les soins de la duchesse Renée, il rentra en grace à la cour de France, abjura le protestantisme qu'il avait embrassé, et promit de mieux vivre, sans s'embarrasser de tenir sa parole.

Il s'occupa alors à mettre en vers fran-

çais les psaumes de David , quoiqu'il n'eût
rien de la force et de l'harmonie qu'exige
la poésie lyrique. François Ier. fut si charmé
de son travail , qu'il lui ordonna de continuer. Les prêtres pensèrent autrement :
ils eurent peur que l'on priât Dieu en français , et que le peuple comprît ce qu'il demandait au souverain du ciel : c'en fut
assez pour les soulever contre Marot. Le
poète tint bon , se moqua d'eux et se fit
donner un nouvel ordre par le roi. Mais
quelle puissance peut résister au fanatisme
et à l'hypocrisie réunis? François Ier. fut
obligé de céder , et Marot se trouva sans
appui , livré à des misérables qui punis-
saient du feu et de la potence tous ceux
qui ne priaient point à leur mode. Pour
la première fois on le persécuta sans qu'il
l'eût mérité. Il se tint sur ses gardes pendant quelque temps , comme il le marque
lui-même dans l'*Epître aux Dames de
Paris*, en ces termes :

> L'oisiveté des moines et cagots ,
> Jà la dirois , mais garde les fagots ;
> Et des abus dont l'église est fourrée ,
> J'en parlerois , mais garde la bourrée.

S'appercevant qu'on était bien décidé à le saisir à la première occasion , il quitta Paris , et se retira à Genève , où son ami *Calvin* était établi. Quoiqu'il fût alors âgé, il ne fut pas plus sage que dans sa jeunesse ; une nouvelle aventure le chassa de Genève , où, sans l'appui de Calvin , il eût été pendu. Ce fut à Turin qu'il tourna ses pas , et qu'il mourut dans une indigence qu'il avait bien méritée , en 1544, à l'âge de 50 ans.

Ses mœurs déréglées , son incertitude en religion et sa conduite imprudente éloignent tout le respect qu'on aurait pu attacher à sa mémoire ; mais son esprit était si agréable , et il a rendu de si grands services à notre langue , qu'on ne peut s'empêcher de desirer de connaître ce qu'il fut pendant sa vie. C'est sous ce dernier rapport que nous avons placé ici cette notice biographique , qui n'offre aucun exemple utile , et dont on ne peut tirer d'autre morale que celle-ci : C'est que les vices font du plus beau génie l'homme le plus méprisable.

AMYOT,

TRADUCTEUR DE PLUTARQUE,

Né en 1513 , et mort en 1592.

La traduction qu'Amyot a faite des *OEuvres de Plutarque ,* lui a valu chez nous une réputation presque égale à celle de cet illustre biographe. Quoique cette traduction ait plus de deux siècles , elle est encore lue , et paraît toujours nouvelle. Il y règne une grace et une naïveté qui ne vieillissent point , et qui sont bien dans le caractère du Plutarque grec. Les savans ont cependant remarqué que cette version est pleine de fautes et de contre-sens ; mais cette remarque ne lui a fait aucun tort jusqu'à présent , et la raison en est simple ; c'est que cette traduction est moins lue pour sa fidélité , que pour le charme de son vieux langage. Amyot a , de son temps , fait pour la prose ce que Marot avait fait pour les vers ; et c'est plutôt

comme ayant rendu de grands services à
notre langue qu'il faut le considérer, que
comme savant, quoiqu'il le fût beaucoup.

Cet homme célèbre naquit en 1513, de
parens fort pauvres : son père était un petit
marchand mercier. Une escapade de jeunesse fut la source de la fortune dont il jouit
par la suite. Il avait fait quelqu'espiéglerie
qui méritait un châtiment, et il était certain
de le recevoir. Pour l'éviter, il abandonna
la maison paternelle, et sortit de la ville.
Il ne fut pas long-temps à sentir la faute
qu'il avait faite : malade, sans argent, et
ne sachant à qui s'adresser, il fut rencontré dans les plaines de la Beauce par
un voyageur qui, ému de pitié pour lui,
le prit en croupe sur son cheval, et le conduisit à l'hôpital d'Orléans. On y reçut le
petit fugitif, et quand il fut guéri on lui
donna une pièce de douze sous, en lui disant
d'aller à la grace de Dieu. Ce fut en reconnaissance de ce léger bienfait, qu'é-
tant devenu grand aumônier de France
et évêque d'Auxerre, il légua douze cents
écus à cet hôpital. Ce trait de reconnaissance est d'autant plus louable, qu'il y

a

a bien peu d'hommes qui conservent dans
l'opulence et l'élévation une ame assez
ferme pour ne pas chercher à faire oublier
et à oublier eux-mêmes l'état où ils sont
nés.

En quittant l'hôpital d'Orléans, Amyot
vint à Paris, probablement en demandant l'aumône. Ne sachant aucun état, il
se mit au service de quelques écoliers d'un
collége. Sa mère lui envoyait chaque semaine un pain par les bateaux de Melun.
Comme il avait une figure agréable et
vive, une dame le remarqua, et le prit pour
accompagner ses enfans au collége. Ce
fut alors qu'il put s'instruire, suivant ses
desirs. Il eut bientôt laissé derrière lui ses
jeunes compagnons; il se fit même une
sorte de réputation. Malheureusement
pour lui, on crut remarquer qu'il favori-
sait un peu trop les opinions nouvelles, en
matière de religion; le soupçon même alors
était un crime; Amyot fut obligé de quitter
Paris. Il se réfugia dans le Berri, où un
gentilhomme le chargea de l'éducation de
ses enfans.

- Dans ces temps-là, *Henri II* ayant passé

3.   G

par le Berri, Amyot lui présenta une épigramme grecque. Le chancelier de *Lhospital*, qui aimait les lettres et les cultivait
lui-même avec succès, prit en affection le
précepteur, et en parla avec avantage au
roi. Amyot de retour à Paris, fut aussi recommandé à *Marguerite*, sœur de François Ier., par *Saci-Boucheval*, alors secrétaire d'état, et à qui il avait donné des
leçons au collége. Par les soins de Marguerite et du chancelier Lhospital, Amyot fut
nommé précepteur des enfans de France ;
auparavant sa traduction *des Amours de
Théagène et de Chariclée* lui avait valu
l'abbaye de Bellozane : il suivit ensuite en
Italie *Morvilliers*, ambassadeur à Venise,
et fut chargé par Henri II de porter au
concile de Trente une lettre de ce prince.
Il s'acquitta de cette commission au gré du
roi, et ce fut à son retour qu'il devint
précepteur des enfans de France.

Charles IX, son élève, l'aima beaucoup,
et il disait quelquefois : Charles-Quint a
fait de son précepteur un pape ; j'en pour-
rai bien faire autant du mien. Il lui donna
la charge de grand-aumônier de France.

Catherine de Médicis, qui la destinait à un autre, dit au nouveau pourvu : *Quoi! j'aurai fait pester les Guises, les Châtillons, les connétables et les chanceliers, le roi de Navarre et les princes de Condé, et un petit prestolet comme celui-là me fera la loi!* Amyot, qui connaissait le caractère de cette méchante femme, crut qu'il n'était pas prudent de conserver son office; il voulut se démettre, mais Charles IX s'y opposa fortement; il lui donna même encore quelque temps après l'abbaye de S. Corneille de Compiègne, et l'évêché d'Auxerre. Un autre eût été satisfait; mais Amyot, il faut l'avouer à sa honte, était insatiable; il demanda encore une abbaye qui vint à vaquer. *Comment donc, mon maître!* lui observa le roi, *vous me disiez autrefois que vous borneriez votre ambition à mille écus de rente; vous les avez bien, et plus, je crois!* *Oui, sire*, répondit *Amyot; mais l'appétit vient en mangeant.*

Henri III, qui avait aussi été son élève, ayant succédé à Charles IX, lui conserva

tous ses bénéfices, et y ajouta l'ordre du
S. Esprit, en considération de ses services
et de ses talens. Il mourut le 6 février
1592, à 79 ans.

~~~~~~~~~~~~~~~~~~~~~~~~~~~~~~

LE CAMOENS,

CÉLÈBRE POÈTE ÉPIQUE PORTUGAIS,

Né en 1517, et mort en 1579.

LOUIS CAMOENS, d'une ancienne
famille originaire d'Espagne, naquit à
Lisbonne en 1517. Il vint à la cour d'Emmanuel pendant les premières années du
règne de ce roi. C'était alors les beaux
jours du Portugal, et le temps marqué
pour la gloire de cette nation.

Le Camoens était d'un caractère vif et
porté à l'amour; il s'attira quelques mauvaises affaires, et ses galanteries firent du
bruit. Pour porter coup à sa fortune, il
fit des satires, et fut exilé à Santaren
dans l'Estramadure. Il chanta, comme
Ovide, son exil, et n'eut garde de l'at-

tribuer à ses fautes. Une armée navale étant partie dans ce temps pour secourir Ceuta en Afrique, il obtint la permission de servir dans cette armée. Ayant perdu un œil dans un combat, il revint en Portugal. Il se rembarqua de nouveau pour Goa. Son esprit et ses agrémens lui firent bientôt des amis, dont son humeur satirique lui fit des ennemis par la suite. Il fut exilé de Goa. « Être exilé, dit Voltaire, d'un lieu qui pouvait être regardé lui - même comme un exil cruel, c'était un de ces malheurs singuliers que la destinée réservait à Camoens. Il languit quelques années dans un coin de terre barbare, sur les frontières de la Chine, où les Portugais avaient un petit comptoir, et où ils commençaient à bâtir la ville de Macao. Ce fut là qu'il composa son poëme de la découverte des Indes, qu'il intitula *Lusiade*, titre qui a peu de rapport au sujet, et qui, à proprement parler, signifie la *Portugade*. »

« Il obtint un petit emploi à Macao même, et de là, retournant ensuite à Goa, il fit naufrage sur les côtes de la Chine, et

3

se sauva, dit-on, en nageant d'une main, et tenant de l'autre son poëme, seul bien qui lui restait. De retour à Goa, il fut mis en prison; il n'en sortit que pour essuyer un plus grand malheur, celui de suivre en Afrique un petit gouverneur arrogant et avare : il éprouva toute l'humiliation d'en être protégé. Enfin il revint à Lisbonne, avec son poëme pour toute ressource. Il obtint une petite pension d'environ huit cents livres de notre monnaie d'aujourd'hui; mais on cessa bientôt de la lui payer. »

Cependant la publication de son poëme avait produit une grande sensation; mais, tout en lui prodiguant les éloges, on le laissa dans une misère affreuse; et Camoens, qui avait servi sa patrie en brave soldat, qui avait été blessé en combattant pour elle, et qui l'illustrait par un ouvrage plein de beautés immortelles, fut forcé de vivre d'aumônes. Obligé de paraître à la cour, il y venait le jour comme un poète indigent, et le soir il envoyait son esclave mendier de porte en porte. Cet esclave, plus sensible que les compatriotes du poète, l'avait suivi des Indes, et ne le quitta qu'à la mort. Enfin les chagrins et l'indigence lui causèrent des maladies, et il n'eut d'autre retraite et d'autre secours qu'un hôpital. Il mourut en 1579, dans sa soixante-deuxième année, en reprochant à ses concitoyens leur ingratitude.

A peine eut-il fermé les yeux, qu'on s'empressa de lui faire des épitaphes honorables, et de le mettre au rang des grands hommes. On écrivit sur son tombeau : *Ci-gît Louis Camoens, prince des poètes de son temps.* Quelques villes se disputèrent l'honneur de lui avoir donné naissance. « Ainsi, dit Voltaire, il éprouva en tout le sort d'Homère. Il voyagea comme lui ; il vécut et mourut pauvre, et n'eut de réputation qu'après sa mort. Tant d'exemples doivent apprendre aux hommes de génie, que ce n'est point par le génie qu'on fait sa fortune et qu'on vit heureux. »

« Le sujet de la *Lusiade*, traité par un esprit aussi vif que le Camoens, ne pouvait que produire une nouvelle espèce d'épopée. Le fond de son poëme n'est ni

4

une guerre, ni une querelle de héros, ni
le monde en armes pour une femme ; c'est
un nouveau pays découvert à l'aide de la
navigation. »

» Voici comme il débute : « Je chante
» ces hommes au-dessus du vulgaire, qui,
» des rives occidentales de la Lusitanie,
» portés sur des mers qui n'avaient point
» encore vu de vaisseaux, allèrent étonner
» la Trapobane de leur audace ; eux dont
» le courage, patient à souffrir des travaux
» au-delà des forces humaines, établit un
» nouvel empire sous un ciel inconnu et
» sous d'autres étoiles. Qu'on ne vante
» plus les voyages du fameux Troyen qui
» porta ses dieux en Italie, ni ceux du sage
» Grec qui revit Ithaque après vingt ans
» d'absence ; ni ceux d'Alexandre, cet
» impétueux conquérant ! Disparaissez,
» drapeaux que Trajan déployait sur les
» frontières de l'Inde : voici un homme à
» qui Neptune a abandonné son trident ;
» voici des travaux qui surpassent les
» vôtres. »

» Et vous, Nymphes du Tage, si jamais
» vous m'avez inspiré des sons doux et

» touchans ; si j'ai chanté les rives de votre
» aimable fleuve, donnez-moi aujourd'hui
» des accens fiers et hardis ; qu'ils ayent la
» force et la clarté de votre cours ; qu'ils
» soient purs comme vos ondes, et que dé-
» sormais le dieu des vers préfère vos eaux
» à celles de la fontaine sacrée ! »

« Le poète conduit la flotte portugaise
à l'embouchure du Gange : il décrit en
passant les côtes occidentales, le midi et
l'orient de l'Afrique, et les différens peuples qui vivent sur cette côte : il entre-
mêle avec art l'histoire du Portugal. On
voit, dans le troisième chant, la mort de la
célèbre *Inès de Castro*, épouse du roi
Don Pedro.... C'est, à mon gré, le plus
beau morceau du Camoens ; il y a peu
d'endroits dans Virgile plus attendrissans
et mieux écrits. La simplicité du poëme
est rehaussée par des fictions aussi neuves
que le projet. En voici une qui, j'ose le
dire, doit réussir dans tous les temps et
chez toutes les nations.

« Lorsque la flotte est prête à doubler
le Cap de Bonne-Espérance, appelé alors
le Promontoire des tempêtes, on apper-

5

çoit tout - à - coup un formidable objet.
C'est un fantôme qui s'élève du fond de la
mer ; sa tête touche aux nues ; les tempêtes, les vents, les tonnerres sont autour
de lui ; ses bras s'étendent au loin sur la
surface des eaux : ce monstre ou ce dieu
est le gardien de cet Océan dont aucun
vaisseau n'avait encore fendu les flots ; il
menace la flotte ; il se plaint de l'audace
des Portugais, qui viennent lui disputer
l'empire de ses mers ; il leur annonce
toutes les calamités qu'ils doivent essuyer
dans leur entreprise. Cela est grand en
tout pays, sans doute. »

Dans une autre fiction, les Portugais
abordent une île enchantée, qui vient de
sortir de la mer, y débarquent, et y jouis-
sent de toutes sortes de plaisirs dans la société de Vénus et des Néréides. En général, on trouve dans tout le poëme les dieux
du paganisme ou les saints du christianisme, indifféremment.

« Le principal but des Portugais, après
l'établissement de leur commerce, est la
propagation de la foi ; et Vénus se charge
du succès de l'entreprise. A parler sérieu-

sement, un merveilleux si absurde défigure tout l'ouvrage aux yeux des lecteurs sensés. Il semble que ce grand défaut eût dû faire tomber ce poëme ; mais la poésie du style et l'imagination dans l'expression l'ont soutenu ; de même que les beautés de l'exécution ont placé *Paul - Véronèse* parmi les grands peintres, quoiqu'il ait placé des bénédictins et des soldats suisses dans des sujets de l'ancien testament. »
(*Essai sur la Poésie épique.*)

~~~~~~~~~~~~~~~~~~~~~~~~~~~~~~~~

LE TASSE,

CÉLÈBRE POÈTE ÉPIQUE,

Né en 1544, et mort en 1595.

TORQUATO TASSO naquit de Bernardo Tasso, à Sorrente, près de Naples, le 11 mars 1544. Ses premières années annoncèrent tout ce qu'il devait être un jour ; ce que l'on rapporte paraît même fabuleux ; à six mois il parlait très-bien ; à trois ans on lui fit étudier la grammaire ;

6

à quatre on le mit au collége, et à sept il savait parfaitement le latin et entendait passablement le grec; enfin, comme si cet homme ne devait avoir rien que d'extraordinaire, à neuf ans il fut condamné à mort, et voici à quel sujet.

Son père était secrétaire de Sanseverin, prince de Salerne. Ce dernier ayant voulu s'opposer à l'établissement de l'inquisition à Naples, passa aux yeux de Charles-Quint prévenu, pour un rebelle, et n'évita le châtiment qu'en fuyant. Bernardo Tasso suivit le prince de Salerne, et emmena avec lui son fils. Dès que Sanseverin fut parti, le vice-roi de Naples le fit déclarer rebelle avec tous ses adhérens, qui furent condamnés à mort, et Torquato y fut compris malgré sa jeunesse.

Obligé de fuir sa patrie et une mère qu'il aimait beaucoup, le jeune poète fit des vers sur son malheur, et se compara à Ascagne. Son père, contraint de suivre la fortune du prince de Salerne, le laissa à Rome entre les mains d'un ami, qui prit plaisir à cultiver les étonnantes dispositions de ce jeune homme. Bernard ayant, après la mort de Sanseverin, passé au service du duc de Mantoue, envoya son fils à l'université de Padoue, pour y étudier le droit. Le jeune Tasse y réussit, parce qu'il avait un génie qui s'étendait à tout ; il reçut même ses degrés en philosophie et en théologie : c'était alors un grand honneur ; mais, entraîné par l'impulsion irrésistible du génie, au milieu de toutes ces études qui n'étaient point de son goût, le Tasse composa, à l'âge de dix-sept ans, son poëme de *Renaud*, qui fut comme le précurseur de sa Jérusalem. La réputation que ce premier ouvrage lui attira, le détermina dans son penchant pour la poésie. Son père, qui était poète lui - même, et qui savait que ce talent, quelque grand qu'il soit, conduit rarement à la fortune, voulut le détourner des Muses ; mais ce fut en vain : le jeune poète ayant été reçu de l'académie des *AEtherei* de Padoue, prit le nom de *Pentito*, repentant, pour marquer qu'il se repentait du temps qu'il avait perdu à l'étude du droit, et songea sérieusement à le réparer.

A vingt-deux ans il conçut et commença

son chef-d'œuvre, et celui de la poésie italienne, la *Jérusalem délivrée*. Attiré par
les offres que lui firent *Alphonse*, second
duc de Ferrare, et *Louis*, son frère, cardinal d'Est, il alla s'établir à Ferrare, et
fut logé dans le palais du duc, à qui il dédia son poëme. Quelque temps après il
en publia les quatre premiers chants, sous
le nom de *Godefroi*. Sa réputation alors
s'étendit, et passa jusque dans les pays
étrangers, comme il en fut convaincu lorsqu'il vint en France, à la suite du cardinal d'Est : Charles IX, qui aimait les lettres, le distingua, et lui donna les louanges
qu'il méritait.

Pendant les sept ou huit années qui s'é-
coulèrent avant que le poëme de la Jérusalem fût fini, le Tasse composa plusieurs
ouvrages moins connus, entr'autres, sa comédie pastorale de *l'Aminte,* qui est pleine
de morceaux agréables.

Le succès de la Jérusalem délivrée fut
prodigieux ; tous les beaux esprits d'Italie,
tous les savans, et les académies, celle de
Florence exceptée, comblèrent d'éloges
son auteur. Ce poëme fut traduit en latin,

en français, en espagnol, en langues orien-
tales même, presque au moment qu'il vit
le jour. Enfin le Tasse, à peine âgé de
trente ans, jouissait de la plus brillante
réputation que jamais poète ait eue pen-.
dant sa vie, lorsque ce bonheur fut troublé par un accident qui devint pour lui la
source de toutes les infortunes.

Le duc de Ferrare avait une jeune sœur
nommée *Léonore*; elle aimait les lettres,
estimait beaucoup le Tasse, et passa de
l'estime à un sentiment beaucoup plus tendre. L'amour fut égal de part et d'autre,
et resta quelque temps caché. Le poète
avait eu l'indiscrétion de confier ce qu'il
appelait son bonheur, à un gentilhomme
ferrarois de ses amis. Celui-ci en parla.
Le Tasse, outré de ce manque de fidélité,
en fit des reproches au Ferrarois, qui voulut tourner la chose en plaisanterie. Une
querelle s'éleva aussitôt, et, dans la colère,
le poète donna un soufflet au gentilhomme.
Il fallut en venir à un duel. On sortit de la
ville pour ce sujet. Trois frères du Ferrarois ayant appris ce qui se passait, couru-
rent dans le moment sur le champ de

bataille , et eurent assez peu de générosité pour attaquer tous à-la-fois le Tasse, qui leur opposa une adresse et une valeur peu ordinaires : il mit hors de combat deux de ses adversaires , et donna le temps d'arriver à ceux qui accouraient pour les séparer.

Après une telle aventure , il aurait dû fuir comme firent ses ennemis ; mais il rentra tranquillement à Ferrare. Le duc, informé de ce combat, sur-tout de ce qui y avait donné lieu, le fit arrêter, sous prétexte de le mettre à couvert de ses ennemis, mais, dans le fait, pour venger l'injure qu'il avait reçue lui-même. Le Tasse était naturellement mélancolique, et il n'est point de légère disgrace pour ceux de ce caractère : il se forma de vaines terreurs, se crut perdu, et ne vit que poison, poignard, et la mort sous toutes les formes. Tourmenté par ses idées terribles, il résolut de se tirer d'un péril qui lui paraissait inévitable, s'il y demeurait plus long-temps exposé : il trouva le moyen de se déguiser, sortit de sa prison, et se réfugia à Turin, où il croyait pouvoir demeurer

caché sous un nom emprunté. On le reconnut ; et le duc de Savoie étant informé
que ce poëte célèbre était dans ses états,
le fit venir et le traita avec honneur. Dans
une meilleure situation d'esprit, le Tasse
eût joui de cet accueil, et se fût vu en sûreté ; mais malheureusement le coup qui
devait perdre ce grand homme avait porté :
le Tasse se persuada qu'on ne le flattait
que pour le livrer à son ennemi, et il s'enfuit de Turin pour aller à Rome.

L'inquiétude de son esprit ne le laissa
pas jouir long-temps des douceurs qu'il
commençait à goûter dans ce nouvel asyle.
Le desir lui prit d'aller à Sorrente, voir sa
sœur aînée, qui était établie dans cette
ville, et qu'il n'avait point vue depuis son
enfance : c'était s'exposer à de plus grands
dangers que ceux qu'il avait courus jusqu'alors. L'arrêt de mort rendu à Naples
contre lui, subsistait toujours. Il se traves-
tit en paysan, et fut à pied jusqu'à Sorrente. Sa sœur l'accueillit avec joie, et le
retint un été auprès d'elle. Ce fut un instant de bonheur au milieu de ses peines.

Il n'avait point cessé de correspondre

avec la princesse Léonore; il en reçut une
lettre par laquelle elle l'engageait à revenir à Ferrare, l'assurant qu'il n'aurait rien
à craindre de la part de son frère. Peu de
temps après il en reçut une autre, où Léonore, usant de l'empire qu'elle avait sur
son cœur, lui ordonnait de revenir sans
différer. *Je pars*, dit-il à sa sœur; *je vais
me remettre volontairement dans mes
premiers fers*. Le duc le reçut en effet
assez bien, et parut n'avoir conservé aucun
ressentiment contre lui; mais la facilité
avec laquelle il écouta peu après les discours que l'on tint sur l'aliénation de son
esprit, fait juger qu'il ne lui avait pas entièrement rendu ses bonnes graces. Il est
vrai que ces discours n'étaient pas sans fon-
dement : la mélancolie qui avait ruiné la
santé du Tasse, lui avait en même temps
affaibli l'esprit. Une autre peine contribua
peut-être à augmenter son mal; il ne lui
fut plus permis de voir Léonore. La différence qu'il y avait entre les traitemens que
le Tasse essuyait alors à la cour d'Alphonse,
et ceux qu'il avait éprouvés pendant les dix
brillantes années de sa jeunesse, le frappa

vivement : il ne put soutenir la comparaison qu'il en fit, et il résolut d'abandonner un séjour où le souvenir de son bonheur passé ne servait qu'à redoubler ses peines. Le bruit de sa folie était déjà répandu, et, dans toutes les villes où il passa, on ne le reçut que comme un malheureux qui n'inspirait plus que la pitié. Enfin, tourmenté par cette inquiétude et cette sombre mélancolie qui ne le quittaient point, il revint à Ferrare, et, sur un ordre d'Alphonse, il fut renfermé comme malade dans un hôpital, et perdit sa liberté. Un pareil traitement, joint aux remèdes qu'on lui fit prendre, redoubla le mal, au point qu'il tomba dans des vapeurs noires et eut des visions. Cet infortuné se crut la victime de la magie ; il prétendit un jour avoir été guéri par le secours de la vierge Marie et de sainte Scolastique, qui, disait-il, lui avaient apparu pendant un grand accès de fièvre.

Sa gloire poétique, cette consolation imaginaire dans des malheurs réels, pour me servir des expressions de Voltaire, fut alors attaquée de tous côtés. Le nombre de ses ennemis éclipsa pour un temps sa réputation. Il fut presque regardé comme un mauvais poète. Au milieu de tant d'infortunes, l'amour des muses ne l'abandonna point ; il ne cessa point d'écrire en vers et en prose, et répondit à ses critiques avec un bon sens qui aurait dû ramener les esprits prévenus contre lui.

Enfin, après neuf ans d'infirmités continuelles, et sept ans de prison, il fut rendu à la liberté. Il avait alors 42 ans. Il se retira d'abord à Mantoue, chez le duc Vincent de Gonzague, qui avait le plus contribué à son élargissement ; mais, dégoûté avec raison de tout attachement pour les princes, et sentant d'ailleurs que l'air de Mantoue lui était contraire, il fit demander la permission d'aller à Naples, afin d'y rétablir sa santé, et de poursuivre en cette ville la restitution des biens de sa mère qui avaient été confisqués. Cette permission, qu'il obtint aisément, ne lui procura point l'effet qu'il en attendait. Sa vie fut trop courte pour qu'il pût voir la fin du procès qu'il eut à essuyer pour rentrer dans ses biens ; et sa santé était trop altérée pour que l'air natal le pût parfaitement rétablir. Mais les douceurs d'une vie libre et paisible ne laissèrent pas d'éclaircir beaucoup son humeur sombre, et il jouit d'un repos d'esprit qui lui était inconnu depuis dix ans.

L'envie, qui jusqu'alors l'avait opprimé, commença à se lasser : son mérite parut dans tout son éclat. On lui offrit des honneurs et de la fortune. Il fut appelé à Rome par le pape Clément VII, qui, dans une congrégation de cardinaux, avait résolu de lui donner la couronne de laurier et les honneurs du triomphe. Le Tasse fut reçu à un mille de Rome par les deux cardinaux neveux, et par un grand nombre de prélats et d'hommes de toutes conditions. On le conduisit à l'audience du pape. *Je desire*, lui dit le pontife, *que vous honoriez la couronne de laurier, qui a honoré jusqu'ici tous ceux qui l'ont portée.* Les deux cardinaux Aldobrandins, neveux du pape, qui aimaient et admiraient le Tasse, se chargèrent de l'appareil du couronnement ; il devait se faire au Capitole : chose assez singulière, observe Voltaire, que ceux qui éclairent le monde par leurs écrits, triomphent dans la même place que ceux qui l'avaient désolé par leurs conquêtes. Le Tasse tomba malade pendant ces préparatifs ; et, comme si la fortune avait voulu le tromper jusqu'au dernier moment, il mourut la veille du jour destiné à la cérémonie.

Le temps, ajoute Voltaire, qui sape la réputation des ouvrages médiocres, a assuré celle du Tasse. La Jérusalem délivrée est aujourd'hui chantée en plusieurs endroits de l'Italie, comme les poëmes d'Homère l'étaient en Grèce ; et on ne fait nulle difficulté de le mettre à côté de Virgile et d'Homère, malgré ses fautes et malgré la critique de Despréaux.

~~~~~~~~~~~~~~~~~~~~~~~~~~~~

MICHEL CERVANTES,

ÉCRIVAIN ESPAGNOL,

Né en 1547, et mort en 1616.

MICHEL de CERVANTES SAAVEDRA, dit *Florian*, dont les écrits ont illustré l'Espagne, amusé l'Europe et corrigé son siècle, vécut pauvre, malheureux, et mourut presque oublié. Madrid, Séville, Lucène, Alcala, se sont disputé l'honneur de lui avoir donné naissance. Cervantes ainsi qu'Homère, Camoens et beaucoup d'autres grands hommes, trouva plusieurs patries après sa mort, et manqua du né-cessaire pendant sa vie.

C'est à Alcala de Henarès, ville de la nouvelle Castille, le 9 octobre 1547, que naquit Cervantes, d'un gentilhomme, qui lui fit donner une bonne éducation et ne lui laissa aucune fortune. On voulait en faire un médecin ou un ecclésiastique ; mais il fut poète malgré ses parens. Ses

premiers essais ne furent cependant pas
heureux ; et, dépourvu de tout secours,
il fut forcé d'être valet de chambre du
cardinal Aquaviva. L'état de soldat lui offrit bientôt une ressource plus honorable,
mais aussi plus dangereuse : il fut blessé
à la main gauche dans la fameuse bataille
de Lépante, en 1571 ; il en resta estropié
le reste de ses jours. Il se fit guérir dans
un hôpital à Messine, et s'en alla ensuite
à Naples, où il s'enrôla de nouveau dans
la garnison de cette ville. Trois ans après,
comme il repassait en Espagne sur une
galère, il fut pris et conduit à Alger par
Arnaute Mami, le plus redouté des corsaires du temps.

« La fortune qui épuisait ses rigueurs sur
le malheureux Cervantes, ne put lasser son
courage. Esclave d'un maître cruel, sûr
de mourir dans les tourmens, s'il osait
faire la moindre tentative pour se mettre
en liberté, il concerta sa fuite avec quatorze captifs espagnols. On convint de
racheter un d'entre eux, qui retournerait
dans sa patrie, et reviendrait avec une
barque enlever les autres pendant la nuit.

L'exécution

L'exécution de ce projet n'était pas facile ;
il fallait d'abord amasser la rançon d'un
prisonnier, ensuite s'échapper tous de
chez leurs différens maîtres, et pouvoir
rester rassemblés sans être découverts,
jusqu'au moment où la barque viendrait
les prendre. »

« Tant de difficultés paraissaient insur-
montables : l'amour de la liberté vint à
bout de tout. Un captif navarrois, employé par son maître à cultiver un grand
jardin sur le bord de la mer, se chargea d'y
creuser, dans l'endroit le plus caché, un
souterrain capable de contenir les quinze
Espagnols. Le Navarrois mit deux ans à
cet ouvrage. Pendant ce temps on gagna,
soit par des aumônes, soit à force de travail, la rançon d'un Maïorquin nommé
Viane, dont on était sûr, et qui connaissait parfaitement toute la côte de Barbarie. L'argent prêt et le souterrain achevé,
il fallut encore six mois pour que tout le
monde s'y rendît : alors Viane se racheta,
et partit, après avoir juré de revenir dans
peu de temps. »

« Cervantes avait été l'ame de l'entre-

3.   H

prise : ce fut lui qui s'exposa toutes les nuits pour aller chercher des vivres à ses compagnons. Dès que le jour paraissait, il rentrait dans le souterrain avec la provision de la journée. Le jardinier, qui n'était pas obligé de se cacher, avait sans cesse les yeux sur la mer, pour découvrir si la barque ne venait point. »

« Viane tint parole : il reparut dans un brigantin, un mois après son départ. Déjà il touchait au rivage où on l'attendait avec tant d'impatience ; c'était pendant la nuit : le jardinier, qui était en sentinelle, l'apperçoit et court avertir les treize Espagnols. Tous leurs maux sont oubliés à cette heureuse nouvelle ; ils s'embrassent, ils se pressent de sortir du souterrain, ils regardent avec des larmes de joie la barque du libérateur ; mais, hélas ! comme la proue touchait la terre, plusieurs Maures passent et reconnaissent les chrétiens ; ils crient aux armes : Viane tremblant, reprend le large, gagne la haute mer, disparaît ; et les malheureux captifs retombés dans leurs fers, vont pleurer au fond de leur souterrain. »

« Cervantes les ranima : il leur fit espérer, il se flatta lui-même que Viane reviendrait ; mais on ne le vit plus reparaître.
Le chagrin et l'humidité de leur demeure
étroite et malsaine causèrent d'affreuses
maladies à plusieurs de ces malheureux.
Cervantes ne pouvait plus suffire à nourrir les uns, à soigner les autres, à les encourager tous : il se fit aider par un de ses
compagnons, et le chargea d'aller chercher
des vivres à sa place. Celui qu'il choisit
était un traître : il va trouver le roi d'Alger,
se fait musulman, et conduit lui-même une
troupe de soldats qui enchaînent les Espagnols. Traînés devant le roi, ils reçoivent
promesse d'avoir la vie sauve s'ils veulent
découvrir quel est l'auteur de l'entreprise.
C'est moi, dit Cervantes ; *sauve mes
frères, et fais-moi mourir*. Le roi respecta son intrépidité, le rendit à son maître
Arnaute Mami, qui ne voulut pas faire périr un si brave homme. Le malheureux
jardinier navarrois, qui avait fait le souterrain, fut pendu par un pied jusqu'à ce que
le sang l'eût étouffé. »

« Cervantes, trompé par la fortune, et

rendu à ses premiers fers, n'en devint
que plus ardent à les briser. Quatre fois il
échoua, et fut sur le point d'être empalé.
Sa dernière tentative était de faire révolter
tous les esclaves, d'attaquer Alger et de
s'en rendre maître. On découvrit la conspiration, et Cervantes ne fut pas mis à
mort; tant il est vrai que le véritable courage en impose même aux barbares. »

Ce dernier trait, de faire révolter tous
les esclaves d'Alger, paraît un peu fort;
mais Florian le rapporte, d'après la vie es-
pagnole mise à la tête d'une édition des
œuvres de Cervantes, faite par l'académie. Quoi qu'il en soit, le roi fit resserrer le
captif courageux, et fit demander quelque
temps après sa rançon en Espagne.

La mère de Cervantes, *Léonor de Cour-
tinas*, veuve et pauvre, vendit tout ce qui
lui restait, et courut à Madrid porter trois
cents ducats aux pères de la Trinité, chargés de la rédemption des captifs. Cet argent, qui faisait tout le bien de la veuve,
était bien loin de suffire : le roi Azan demandait cinq cents écus d'or. Les Trini-
taires, touchés de compassion, complétè-

rent la somme ; et Cervantes fut racheté le 19 septembre 1580, après un esclavage de cinq ans.

De retour en Espagne, dégoûté de la vie militaire, et résolu de se livrer entièrement aux lettres, il se retira auprès de sa mère, dans l'espérance de la nourrir de son travail. Il avait alors 33 ans. Il débuta par les six premiers livres d'un roman pastoral intitulé *Galatée*, que Florian a imité avec succès dans notre langue. Cette même année il épousa la fille d'un gentilhomme, mais qui ne lui apporta rien ; il fut obligé de faire de mauvaises comédies pour nourrir sa famille, et vécut dans une misère presque continuelle, jusqu'à ce qu'on lui eût donné un petit emploi à Séville.

Il parvint à 50 ans sans avoir rien fait qui méritât de passer à la postérité : enfin il publia la première partie de son *Dom-Quichotte* ; et cet ouvrage ingénieux, qui corrigea l'Europe et fut connu de tout le monde, n'eut d'abord aucun succès. Cervantes en fut piqué ; il lâcha une petite satire intitulée *le Serpenteau* ; on la lut, et son

3

Dom-Quichotte obtint, par ce moyen, le succès qu'il ne dut ensuite qu'à lui-même. Son triomphe lui valut, suivant la coutume, mille envieux et mille critiques. Il y fut sensible, garda long-temps le silence, et ne publia la seconde partie de Dom-Quichotte que neuf ou dix ans après. Sa misère cût été complète, si le comte de *Lémos* et le cardinal de *Tolède* ne l'eussent aidé de quelques faibles secours qui l'empêchèrent de mourir de faim. Sa reconnaissance fut aussi vive que son besoin avait été pressant. Quatre jours avant sa mort, il dédia au comte de Lémos son roman de *Persilles et Sigismonde,* qu'il venait d'achever. Il mourut ensuite avec cette tranquillité qu'on devait attendre d'un homme qui avait montré autant de courage pendant sa vie. Sa mort arriva en 1616.

Le chef-d'œuvre de Cervantes est son *Dom-Quichotte.* « La raison, dit Florian qui l'a traduit avec goût et élégance; la raison, la gaîté, la fine ironie répandue dans cet ouvrage, l'extrême vérité des portraits, la pureté, le naturel du style, ont rendu ce livre immortel. Tout le monde le connaît, tout le monde le relit ; nos tapisseries, nos tableaux, nos estampes nous offrent par-tout Dom-Quichotte, et jusqu'aux petits enfans rient en reconnaissant Sancho Pança. » Les *Nouvelles* de Cervantes ne valent pas son Dom-Quichotte, mais elles ont cependant de l'intérêt, et sont recherchées. Quant à *Persilles*, ce n'est qu'un long tissu d'aventures sans vraisemblance, et presque sans intérêt.

~~~~~~~~~~~~~~~~~~~~~~~~~~~~~~~~~~~

SIXTE V,

PAPE,

Né en 1521, et mort en 1590.

SIXTE V est un de ces hommes extraordinaires qui nous montrent tout ce que peut inspirer l'ambition. Il naquit en 1521, dans un village de la marche d'Ancône, appelé *les Grottes*, près du château de *Montalte*, dont il prit le nom dans la

4

suite. Son père était un pauvre vigneron qui, ne pouvant nourrir sa famille, mit le petit *Félix Peretti*, c'était le nom de *Sixte*, chez un laboureur des environs. Les occupations les plus viles furent celles dont on le chargea; il eut soin des pourceaux, et les conduisit aux champs. Une circonstance bien simple le tira de cet abaissement. Un jour qu'il s'acquittait de son emploi ordinaire, un cordelier conventuel vint à passer, et demanda le chemin qu'il devait prendre pour aller à Ascoli. Le jeune Félix quitta aussitôt son troupeau, et marcha devant lui pour le conduire. Dans la route le cordelier le questionna, et fut si satisfait de ses réponses et de la vivacité de son esprit, qu'il lui proposa de venir avec lui dans le couvent. Félix ne demanda pas mieux; le cordelier s'en chargea donc. L'enfant répondit si bien aux soins que l'on prenait de lui, que lorsqu'il fut parvenu à un âge convenable, on le revêtit de l'habit de cordelier. En peu de temps il devint bon grammairien et bon logicien. Ses talens lui valurent la faveur de ses supérieurs et la jalousie de ses confrères : son humeur indocile et violente contribuait beaucoup à l'aversion qu'on lui portait. Il savait faire sa cour à ses maîtres , mais il semblait prendre plaisir à exciter la haîne de ceux qui ne pouvaient rien pour son avancement. A vingt-quatre ans , suivant la coutume , on le fit prêtre. Il devint ensuite docteur et professeur de théologie à Sienne. Ce fut alors qu'il changea son nom de *Peretti* en celui de *Montalte*.

Le desir qu'il avait de s'avancer lui fit mettre en œuvre tous ses talens ; il prêcha à Rome , à Gênes , à Pérouse , ailleurs encore , et avec tant de succès qu'il fut nommé commissaire - général à Bologne , et inquisiteur à Venise. Il était fort bien à cette dernière place : son caractère, porté à la cruauté , se plaisait à écraser les autres sous une verge inflexible. Le sénat de Venise et les religieux de cette ville ayant bientôt reconnu en lui un véritable tyran , ne négligèrent rien pour le perdre : ne se sentant pas de force à leur résister , il prit le parti prudent de fuir en secret. Comme on l'en plaisantait, il répondit ,

5

*qu'ayant fait vœu d'être pape à Rome ,
il n'avait pas cru devoir se faire pendre
à Venise.*

De retour à Rome , on le fit l'un des
consulteurs de la congrégation , et ensuite
procureur-général de l'ordre. Il accompagna
en Espagne le cardinal *Buoncompagno* ,
en qualité de théologien du légat et de
consulteur du Saint-Office. Ce fut pendant ce voyage que son ambition et les
réflexions qu'elle lui inspira lui firent
commencer ce rôle hypocrite qu'il ne
quitta plus qu'après son élection au trône
pontifical. Jusqu'alors il avait été violent ,
opiniâtre ; tout-à-coup il changea : on le
vit doux , complaisant , et laissant briller
toute la beauté de son esprit , sans chercher à humilier qui que ce fût. Ce caractère facile lui fit autant d'amis que l'autre
lui avait donné d'ennemis.

Cependant le cardinal *Alexandrin* ,
son disciple et son protecteur , étant devenu pape , lui envoya , en Piémont , un
bref de général de son ordre ; et dans la
suite il y ajouta le chapeau de cardinal.
C'était beaucoup ; mais quand est-ce que

l'ambition a dit aux hommes, *c'est assez*. Montalte ne pouvait plus espérer que la tiare, et il y porta toutes ses vues, toutes ses actions. Mais cet homme n'était rien moins qu'un ambitieux vulgaire : il avait prévu que, s'il laissait seulement deviner ses desirs, tous ses rivaux s'empresseraient vîte de l'écarter du chemin. Son esprit était un foyer de ruses que l'honnête homme se gardera bien de justifier : cet artificieux cardinal renonça à toutes sortes de brigues et d'affaires, se tint chez lui, se plaignit continuellement des infirmités de la vieillesse, et ne parut occupé que de la prière. On le voyait courbé comme sous le poids des années, la tête penchée sur l'épaule, les yeux baissés, et s'appuyant sur un bâton comme s'il n'eût pas eu la force de se soutenir. A l'entendre, il allait mourir. Quand il parlait c'était avec peine, d'une voix cassée, et entrecoupée d'une toux qui semblait à chaque instant le menacer de la mort. Ce fut sur-tout dans cet équipage qu'il parut au conclave, après la mort de *Grégoire XIII*, qui avait succédé à *Pie V*.

6

Tous ses confrères les cardinaux , dupes
de ses artifices , se moquaient presque de
lui , l'appelaient l'*âne de la Marche* ,
la *bête romaine* , et ne se doutaient guère
qu'il allait devenir leur maître , et un maître terrible. Divisés en cinq factions pour
le choix d'un nouveau pape , ils en vinrent
à penser à Montalte, qui , par un art que
lui seul possédait , les avait amenés à ce
point sans qu'ils s'en fussent doutés. On
l'en avertit. *Hélas !* dit-il avec l'air d'une
profonde humilité , *je suis bien indigne
d'un aussi grand honneur. Ai-je donc
assez de talent pour me charger seul
du gouvernement de l'Église ? Ma vie
ira-t-elle même à la fin du conclave ?...
Ah ! si c'est moi,* ajouta-t-il , *qui dois
porter ce fardeau , vous ne m'aban-
donnerez donc pas , et en me donnant
le nom de pape vous en ferez donc
valoir l'autorité ?* Un candidat qui parlait
ainsi , parut précieux à la troupe ambitieuse des cardinaux : chacun espéra bien
avoir une part dans la puissance , qu'un
vieillard si faible ne pouvait en effet exercer. L'hypocrite Montalte fut élu. Ce fut

alors que la scène changea. Le moribond se
redresse aussitôt, jette son bâton de côté
et entonne, d'une voix de tonnerre, le
Te Deum. On peut juger de la surprise
des cardinaux trompés, et trompés à bon
droit. En sortant du conclave, le nouveau
pape, dit *Gregorio Leti*, donnait des
bénédictions avec tant de facilité, que le
peuple émerveillé ne pouvait croire que
ce fût là ce triste et faible Montalte qui
venait de se traîner avec tant de peine.

Sixte V, c'est le nouveau nom qu'il
avait pris, montra bientôt qu'il se portait
bien de corps et d'esprit : son ancien caractère, ce caractère impérieux et sévère qui voulait voir tout fléchir, tout
trembler, se remontra dans toute sa
vigueur. Il faut cependant commencer par
dire que, s'il déploya son autorité avec
tout l'appareil de la tyrannie, et même
de la cruauté, il s'éloigna rarement du
sentier de la justice. Rome, en ce moment, avait le plus grand besoin d'un homme
qui, comme lui, pût épouvanter le crime.
La licence avait été sans bornes sous les
derniers pontificats; les terres de l'Église

étaient infestées de brigands qui exerçaient impunément toutes sortes de violences ; la sûreté publique n'existait plus , même dans la ville, où le libertinage était porté à son comble ; les jeunes femmes et les filles n'étaient point à l'abri des entreprises criminelles des grands , qui se moquaient des lois trop faibles. Sixte, avec une verge de fer, fit tout rentrer dans l'ordre : sa rigueur fut excessive , mais les brigands de toute espèce tremblèrent à son seul nom. Non content d'être juste, il affecta des formes terribles et cruelles ; les potences étaient dressées de tous côtés , et l'on y pendait sur-le-champ tous ceux qui avaient prévariqué. Un juge qui osait montrer quelque penchant à la clémence, était aussitôt destitué. Sixte n'accordait sa faveur qu'à ceux qui se montraient , comme lui, d'une sévérité inflexible. Rencontrait-il quelqu'un d'une physionomie dure, rigide , il le faisait appeler, s'informait de sa condition, et lui donnait , suivant ses réponses, quelque charge de judicature. *Je ne suis pas venu ,* rép'tait-il d'après l'Évangile, *pour apporter la paix , mais*

le glaive. Les circonstances n'atténuaient
jamais les fautes à ses yeux. Un jeune
étourdi de seize ans eut l'imprudence de
faire quelque résistance aux sbires ; on le
condamna à mort : les juges eux-mêmes
voulaient commuer cette peine , et repré-
sentaient qu'il était contraire à la loi de
faire mourir un coupable de cet âge : *Je
lui donne dix de mes années* , répondit
l'inflexible pontife. Un gentilhomme espagnol ayant reçu , dans l'église , un coup
de hallebarde d'un Suisse , s'en vengea en
le frappant rudement avec le bâton d'un
pélerin : le Suisse en mourut. Sixte fit
dire au gouverneur de Rome , qu'*il voulait
que justice fût faite avant qu'il se mît
à table, et qu'il voulait dîner de bonne
heure.* L'ambassadeur d'Espagne et quatre cardinaux allèrent le supplier , non
d'accorder la vie au meurtrier , mais de
lui faire trancher la tête, *parce qu'il
était gentilhomme.* Sixte répondit : *Il
sera pendu ; je veux bien cependant
adoucir la honte dont se plaindrait sa
famille , en lui faisant l'honneur d'assister à sa mort.* En effet il fit planter

la potence devant ses fenêtres, et s'y tint
jusqu'après l'exécution ; puis, se tournant
vers ses domestiques : *Qu'on m'apporte
à manger*, leur dit-il ; *cet acte de justice vient d'augmenter mon appétit.*
En sortant de table il s'écria : *Dieu soit
loué du grand appétit avec lequel je
viens de dîner !* On devine facilement,
dans ces derniers traits, le souverain qui
veut tout intimider ; sans doute on ne
peut justifier ces recherches, qui annoncent une froide cruauté ; mais il faut louer
cette sage fermeté qui ne met aucune différence entre les criminels. Punir moins sévèrement les grands qui ont plus de moyens
de mal faire, c'est en quelque sorte les
encourager à franchir les bornes où les
lois doivent renfermer tous les hommes.
Sixte faisait mettre toutes les têtes des
suppliciés sur les portes de la ville et des
deux côtés du pont Saint-Ange, où quelquefois il allait exprès pour les voir. Elles
incommodaient les passans par leur puan-
teur, et quelques cardinaux engagèrent
les conservateurs à supplier le pape de les
faire placer ailleurs. *Vous êtes trop déli-*

càts , leur répondit Sixte , *et les têtes de ceux qui volent le public sont d'une odeur bien plus insupportable.* L'adultère convaincu était condamné au dernier supplice. Il ordonna même qu'un mari qui n'irait pas se plaindre des débauches de sa femme, serait également puni de mort. Il purgea tellement Rome du libertinage, qu'on pouvait , dit son historien, s'y promener avec autant de tranquillité que dans un couvent. S'il tolérait les divertissemens du carnaval , il avait soin de faire planter de nouvelles potences, afin d'apprendre à ceux qui seraient tentés d'être insolens ou licencieux, que c'était là qu'ils allaient être punis sans délai. On peut croire que sous un pareil règne , on ne s'amusait pas sans crainte. Il est bon que le souverain épouvante le crime, mais non le peuple.

Une preuve que ce n'était pas seulement l'amour de la justice , mais aussi cet orgueil de voir tout plier devant lui, qui portait Sixte à tenir le peuple romain dans la terreur, c'est que, dans le même temps, il donnait aux rois des preuves de son ambition et de sa hauteur. Il lança une bulle contre Henri III, roi de France, et approuva solemnellement l'assassinat de *Jacques Clément*. Il désapprouvait cependant les entreprises de la Ligue, ainsi qu'on peut le voir dans les mémoires de Nevers ; mais ce que la raison apprenait à l'homme, était contraire à ce que l'orgueil inspirait au pape.

Le desir qu'il eut d'immortaliser son règne de plusieurs manières, lui fit élever plusieurs monumens. On redressa par ses ordres le fameux obélisque que Caligula avait fait transporter d'Espagne à Rome, et l'on bâtit un magnifique tombeau à Pie V, son bienfaiteur. Il répara la bibliothèque du Vatican, et l'augmenta beaucoup. Enfin, épuisé par un travail excessif, ou plutôt, comme tout porte à le croire, attaqué d'un poison lent, il mourut en 1590, à 69 ans. Sa dernière maladie ne lui fit point interrompre ses soins : *Un prince*, disait-il d'après Vespasien, *doit mourir debout*. « Ce qui le distingue des autres papes, dit un auteur, c'est qu'il ne fit rien comme eux. Il sut licencier les soldats, les gardes même de ses prédécesseurs, et dissiper les bandits par la seule force des lois ; se faire craindre de tout le monde par sa place et par son caractère ; renouveler Rome, et laisser le trésor pontifical très-riche. » Malgré ses services, il n'en fut pas moins généralement détesté, parce qu'encore une fois il ne suffit pas de montrer un visage terrible aux coupables, il faut encore savoir rassurer les honnêtes gens.

Quoique sorti des derniers rangs de la société, il n'eut pas la faiblesse d'en rougir. Il prenait au contraire plaisir à parler de la bassesse de sa naissance ; c'était même de sa part une sorte d'orgueil : il aimait par-là à mortifier les nobles qui, se réservant tous les priviléges, finissent sottement par croire qu'ils sont capables de tout, et que Dieu n'a garde de traiter aussi bien le reste du genre humain. Sixte leur faisait durement sentir le contraire, et ce n'est pas en quoi il agissait le moins sagement. Il est bon que le génie et la véritable grandeur rappellent quelquefois à sa nullité la grandeur factice et de convention. J'aime à voir un gardeur de

cochons faire trembler les rois eux-mêmes ;
c'est une leçon qui rappelle au moins
l'homme à l'homme. Cet exemple dit éner-
giquement aux grands et aux petits : Nous
foulons tous la même terre.

~~~~~~~~~~~~~~~~~~~~~~~~~~~~~

MICHEL DE LHOSPITAL,

CHANCELIER DE FRANCE,

Né en 1505, et mort en 1573.

MICHEL DE LHOSPITAL naquit en
1505, à Aigueperse en Auvergne. Son
père quitta la profession de médecin, et
s'éleva par la faveur du connétable Charles
de Bourbon, qui en fit en quelque sorte
son agent principal. Michel de Lhospital
reçut l'ame noble et les principes sévères de
son père. Son éducation fut très-soignée, et
par la suite il se distingua également dans
les affaires et la littérature. Au sortir des
écoles de jurisprudence, il fut pourvu de
charges honorables. Il devint successive-
ment auditeur de Rote à Rome, conseiller

au parlement de Paris, ambassadeur au concile de Trente transféré à Bologne, enfin surintendant des finances, en 1554.

Jamais honnête homme n'arriva si à propos dans une place semblable. Le trésor était épuisé par les prodigalités du roi, l'avidité de ses favoris, de ses ministres, de sa maîtresse; par les dépenses de la guerre, par les plaisirs fastueux de la cour, par les malversations des financiers. En prenant son emploi, Lhospital n'avait pas seulement besoin d'une probité incorruptible, il lui fallait encore une fermeté à toute épreuve. Heureusement il avait ces deux vertus. Voici comment il parle lui-même de la conduite qu'il devait tenir : « Je me rends désagréable par mon exactitude à veiller sur les deniers du roi : les vols ne se font plus impunément ; j'établis de l'ordre dans la recette et la dépense ; je refuse de payer des dons trop légèrement accordés, ou j'en renvoie le paiement à des temps plus heureux : on voit tout cela avec un dépit amer; mais dois-je préférer l'amitié déshonorante de certains courtisans, à ce que me prescrivent mes obligations envers mon roi , mon amour pour ma patrie? Eh bien donc qu'ils engloutissent tout ! et le soldat sans paye ravagera nos provinces pour subsister, et l'on soulevera le peuple par de nouveaux impôts. »

Avec cette sévérité pour les autres, il n'était point indulgent pour lui-même : jamais il n'entra dans ses coffres un sou de l'état, que ce qu'il avait légitimement gagné. Quoiqu'il eût été près de douze ans dans le parlement, cinq ou six dans la place de surintendant, sa fortune était encore si médiocre, que le roi fut obligé de doter sa fille.

Au commencement du règne de François II, il entra dans le conseil d'état. Il suivit quelque temps après Marguerite de Valois, devenue épouse du duc de Savoie, pour être son chancelier. A peine eut-il passé six mois auprès d'elle, qu'on le rappela en France, où l'on espérait de remédier aux maux qui désolaient la nation, en l'élevant à la place de chancelier, vacante par la mort d'*Olivier*. Dans cet instant, Catherine de Médicis, les Guises, et

les querelles de religion déchiraient le
royaume, et semblaient prêts à le perdre.
Lhospital, au milieu des faussetés politiques, des haînes et du fanatisme, fut assez ferme pour conserver le calme de son
ame, et ne point tacher sa réputation par
quelque excès qu'il était presque impossible
de ne pas commettre dans ces temps malheureux. Tous ses conseils, toutes ses actions tendirent à appaiser les esprits des
furieux qui l'entouraient, à arrêter les
cruautés et les haînes : il fut l'auteur de
l'*édit de Romorantin*, qui empêcha l'établissement de l'inquisition. Il eut la douleur de voir la guerre civile s'allumer, et
ne put qu'adoucir une très-petite partie
des maux qu'elle causa. Sa sagesse et ses
conseils salutaires déplurent : Catherine de
Médicis, femme emportée, vindicative,
et qui semblait avoir formé le projet de
perdre la France, ne put souffrir que le
chancelier, à l'élévation duquel elle avait
contribué, ne partageât point ses fureurs ;
elle le fit exclure du conseil. Lhospital,
voyant que ses efforts étaient non-seulement inutiles, mais encore désagréables,

se retira de lui-même, en 1568, dans sa maison de campagne de Viguai, près d'E-tampes. Quelques jours après, on lui fit demander les sceaux ; il les rendit sans regret, disant que *les affaires du monde étaient trop corrompues pour qu'il pût encore s'en mêler.*

Libre alors, et rendu tout entier à lui-même, il ne s'occupa plus que des lettres, qu'il avait toujours aimées avec passion, de l'éducation de ses enfans, et de ses amis qui venaient s'entretenir de temps en temps avec lui. La poésie latine eut des charmes pour lui, et il en a laissé un volume que les savans estiment ; il a laissé aussi quelques autres ouvrages, tels qu'un *Recueil de Ha-rangues* qui valent moins que ses poésies, et des *Mémoires*, ou plutôt des *Notes* sur *les traités de paix, apanages, ma-riages, fois et hommages, etc.*, depuis 1228 jusqu'en 1557. C'est le mémorial d'un homme qui étudiait l'histoire de France.

Sa retraite fut troublée par l'horrible massacre de la Saint-Barthélemi, et il fut sur le point de devenir une des victimes

times de ce jour affreux. Le calme de son ame n'en fut cependant point troublé. Ses amis l'engageant à prendre des mesures pour sa sûreté, il leur répondit : *Il arrivera ce qu'il plaira à Dieu, quand mon heure sera venue, mais je resterai tranquille.* Le lendemain on vint lui dire qu'on voyait une troupe de cavaliers armés qui s'avançaient vers sa maison. On lui demanda si l'on devait fermer les portes, et tirer sur eux, en cas qu'ils voulussent les forcer : *Non, non,* répondit-il ; *mais si la petite porte ne suffit pas pour les faire entrer, qu'on ouvre la grande.* C'était en effet des furieux qui, sans ordre de la cour, venaient pour le tuer ; mais avant que d'exécuter leur dessein, ils furent atteints par d'autres cavaliers envoyés par le roi même, pour leur dire que Lhospital n'avait pas été compris dans le nombre des proscrits, et que ceux qui en avaient fait la liste lui pardonnaient l'opposition qu'il avait toujours apportée à l'exécution de leurs projets. *J'ignorais,* répondit froidement et sans changer de visage, ce grand homme,

3.   I

que j'eusse jamais mérité la mort ni le pardon.

La vertueuse résistance que le chancelier avait opposée au massacre des religionnaires paraissait un crime ; on ne pouvait croire qu'elle partait d'un esprit aussi sage qu'humain : aussi ses adversaires prirent-ils plaisir à calomnier sa religion. Suivant eux, il était plus calviniste que catholique, et l'on ne voulait pas voir que la vertu seule et la bonne politique le rendaient le défenseur de la partie opprimée. Depuis ces temps affreux de fanatisme, on a encore renouvelé ces accusations contre lui, comme si ces accusations, qui n'ont de force qu'aux yeux des ignorans et des sots, étaient faites pour diminuer la gloire de ses vertus, qui sont celles de tous les siècles et de toutes les nations. Il fut juste, courageux et humain : quand un homme a ces vertus, on ne demande pas de quelle religion il est ; on le respecte. Des ennemis ou des hypocrites, plus dangereux, ont prétendu qu'il n'était pas plus catholique que huguenot ; cela pouvait bien être : un homme sage et maître de lui, placé au milieu des ridicules et terribles querelles de religion, pouvait porter ses réflexions plus loin que celles des fanatiques qui se déchiraient sous ses yeux ; mais comme il n'a rien laissé qui donne le droit de penser ainsi sur son compte, il faut croire qu'il suivit dans l'intérieur les sentimens qu'il avançait en public.

Cet homme illustre, à qui il n'a manqué que de vivre dans un siècle moins orageux et barbare, pour faire tout le bien qu'on pouvait en espérer, est mort en 1573, âgé de 68 ans. Sa devise était tirée d'Horace, et exprimait toute la fermeté de son caractère :

Si fractus illabatur orbis ,
Impavidum ferient ruinæ.

En voici la traduction par *Marmontel :*

L'univers écroulé tomberait en éclats ,
Le choc de ses débris ne m'ébranlerait pas.

JEAN HENNUYER,

LE SEUL ÉVÊQUE HUMAIN DE SON TEMPS,

Mort en 1577.

U<small>N</small> homme qui a le courage de rester humain au milieu de la fureur générale, et même malgré les ordres d'un tyran qui gouverne ; un prêtre, sur-tout, qui résiste au fanatisme qui enivre tous ses confrères, a des droits à une place distinguée dans l'histoire ; et quand il n'aurait que cette action à offrir, il mérite le titre de grand homme : car il faut bien de la force d'ame pour résister à l'impulsion de son siècle et à la fureur qu'inspire une religion mal connue et mal dirigée. *Jean Hennuyer* mérita donc ce titre. Il était évêque de Lisieux, lors du massacre de la St. Barthélemi. Le lieutenant de roi de sa province vint lui communiquer l'ordre qu'il avait reçu de tuer tous les huguenots de Lisieux. *Vous* n'exécuterez point ces ordres cruels ; dit le vertueux prélat ; *ceux que vous voulez égorger sont mes brebis ; ce sont, il est vrai, des brebis égarées , mais je travaille à les faire rentrer dans la bergerie. Je ne vois pas dans l'Évangile , que le pasteur doit laisser répandre le sang de ses brebis ; j'y lis au contraire, qu'il doit verser le sien pour elles.* Il ajouta qu'on avait surpris la religion du roi , et qu'il ne doutait pas que ce prince n'approuvât son refus. Non content de ces paroles, il donna un acte de son opposition ; et les malheureux calvinistes durent leur salut à cet homme respectable, qui fut le seul prêtre chrétien de son temps. Charles IX , prince faible, qui connaissait cependant le bien tout en faisant le mal, approuva cette vertueuse désobéissance , comme s'il n'eût pas lui-même signé de sa main cet horrible assassinat.

Tandis que l'évêque de Lisieux agissait en véritable serviteur de Dieu et ami des hommes, le pape Grégoire XII faisait faire dans Rome des processions pour remercier le ciel de ce que des milliers de

3

Français avaient été égorgés par leurs
frères et leurs amis. Voilà la religion des
hommes vertueux, et celle des fanatiques.

~~~~~~~~~~~~~~~~~~~~~~~~~~~~~~

MICHEL MONTAIGNE,

PHILOSOPHE FRANÇAIS,

Né en 1533, et mort en 1592.

———

MICHEL DE MONTAIGNE naquit au château de ce nom, dans le Périgord, en 1533,
de *Pierre Eyquem*, seigneur de Montaigne. Son père lui fit donner une éducation très-soignée, en suivant une route peu
ordinaire. Pour lui éviter les dégoûts que
les enfans éprouvent à apprendre le latin,
il mit auprès de lui, dès qu'il fut en état
de parler, un Allemand qui ne s'énonçait
qu'en latin, de façon que cet enfant
entendit parfaitement cette langue à l'âge
de six ans. On lui apprit ensuite le
grec par forme de divertissement; aussi
Montaigne, qui nous rapporte lui-même
ces particularités, dit-il qu'il ne sut ja-

Michel Montaigne.

Charron.

Henri IV.

Sully.

Malherbe.

Galilée.

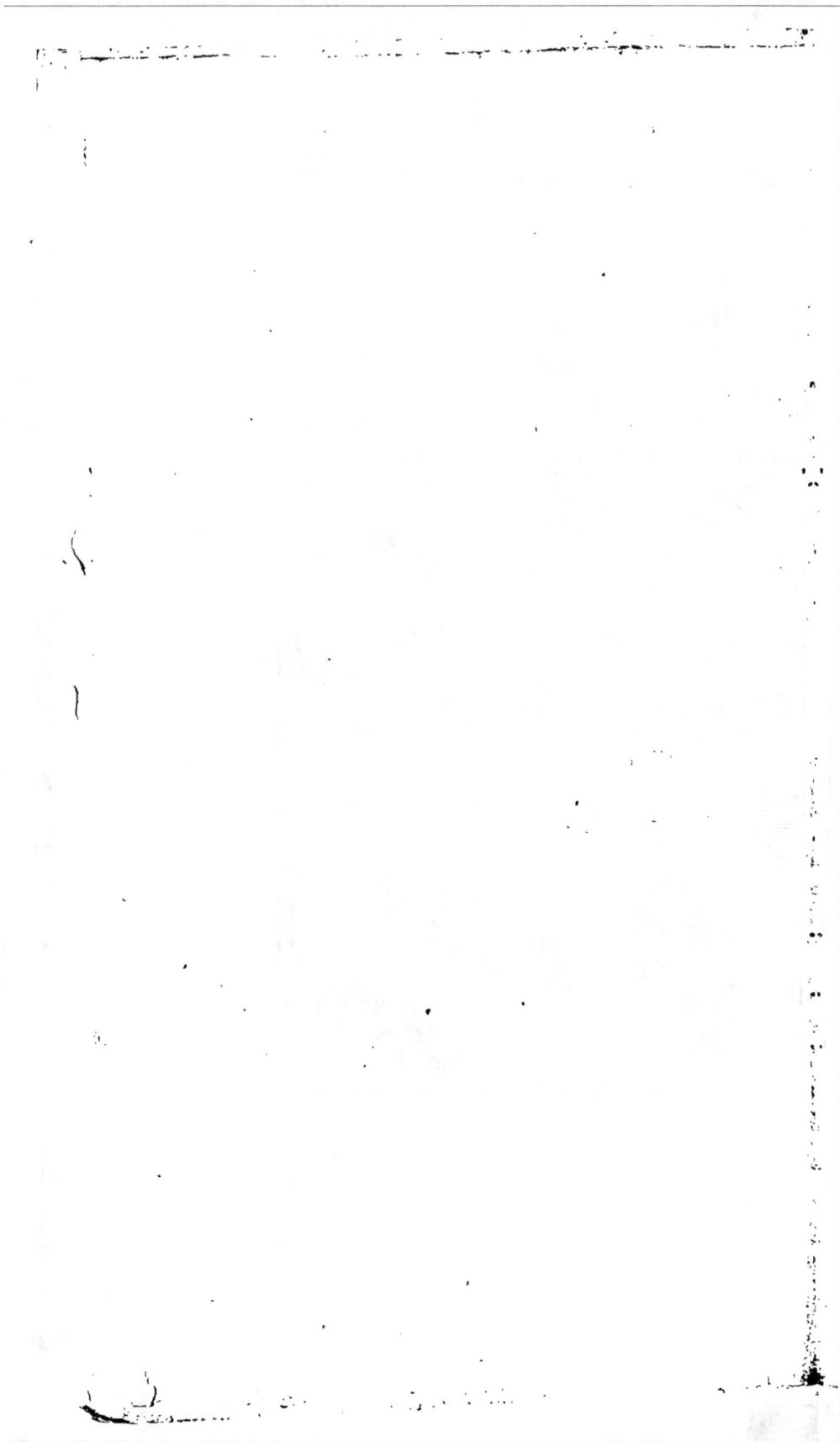

mais ce que c'était que *substantif* et *ad-
jectif*. Il nous apprend aussi que son père
portait le soin jusqu'à le faire éveiller
chaque matin au son des instrumens,
dans l'idée que c'était gâter le jugement
des enfans que de les éveiller en sursaut.

Il resta au collége jusqu'à l'âge de treize
ans, ayant alors fini ses études. Les principaux maîtres sous lesquels il étudia furent
Grouchi, *Buchanan* et *Muret*, savans
aujourd'hui encore révérés.

Son père le destinait à la robe, et lui
fit épouser la fille d'un conseiller au parlement de Bordeaux. Lui - même posséda
quelque temps une charge semblable, mais
il s'en dégoûta bientôt, et se livra à son
étude favorite, qui était celle du cœur humain. Il voyagea chez différentes nations
de l'Europe, parcourut la France, l'Allemagne, la Suisse et l'Italie. A Rome il
obtint le titre de *citoyen romain*, titre
assez vain, mais qui prouve la considération dont Montaigne jouissait déjà. De retour à Bordeaux, ses concitoyens le choisirent pour leur maire, et l'envoyèrent à
la cour pour y négocier leurs affaires. Ils

furent si satisfaits de lui, qu'après deux ans d'exercice ils le continuèrent encore deux autres années. En 1588 il parut avec éclat aux états de Blois.

Il ne songea plus, après ces courses et ces exercices, qu'à se livrer à la philosophie. Son château lui offrait une retraite agréable, et il s'y fixa. Un de ses plus grands amusemens était de faire jaser des enfans et des villageois ; c'était, suivant lui, étudier l'homme dans des ames neuves. Ses manières étaient franches et sans gêne. *A quoi*, écrivait-il, *me servirait-il de fuir la servitude des cours, si on l'entraînait jusque dans sa tanière?* Les amitiés communes, qui sont les plus grandes pour tant de monde, n'étaient presque rien pour lui ; il y mettait plus de recherche et de difficulté. Il recherchait la familiarité des gens instruits, dont les entretiens, suivant ses expressions, *sont teints d'un jugement mûr et constant, et mêlés de bonté, de franchise, de gaîté et d'amitié.* La modération dans les plaisirs permis lui paraissait seule pouvoir en assurer la durée. *Les princes,* disait-il plaisamment, *ne prennent pas plus de goût aux plaisirs dans leur satiété, que les enfans de chœur à la musique.* L'imagination était à ses yeux une source féconde de maux... *Le laboureur,* dit-il, *n'a du mal que quand il l'a; l'autre a souvent la pierre en l'ame avant qu'il l'ait aux reins. Vous tourmenter des maux futurs par la prévoyance, c'est prendre votre robe fourrée dès la Saint-Jean, parce que vous en aurez besoin à Noël.*

C'est dans son ouvrage intitulé *Essais,* qu'il a consigné toutes ses recherches en morale et sa manière de penser. Il n'est aucun livre écrit avec moins de prétention et de gêne, et il en est peu qui fassent autant réfléchir. Son style fourmille de fautes et de naïvetés. L'expression qu'il choisit n'est pas la meilleure, mais la plus énergique. On voit que c'est un compte qu'il se rend à lui-même ; il ne pense pas du tout à son lecteur, et encore moins à l'ordre de son livre : pourvu qu'il pense, il est content. Le fond de sa philosophie est le doute, et c'est être bien sage que

5

de savoir douter de ce qu'il n'est pas permis à l'homme de décider. Quoique la France et une partie de l'Europe fussent en feu pour de vaines querelles de religion , personne ne s'en mêla moins que lui. Luther et Calvin sont étrangers à ses pensées ; les décisions des docteurs l'inquiètent aussi peu : c'est un philosophe de l'ancienne Grèce , qui raisonne avec Socrate. Aussi lui a-t-on reproché qu'il était plus déiste que catholique ; il parle cependant avec le plus grand respect du christianisme , et s'est conformé à tout ce qu'ordonne la religion : mais cela ne l'a pas empêché de douter et de tracer ses doutes sur le papier , quand l'envie lui en a pris.

Sa vieillesse fut affligée par les douleurs de la pierre et de la colique , et il refusa toujours les secours de la médecine , à laquelle il n'avait point de foi. *Les médecins,* disait-il, *connaissent bien Galien, mais nullement le malade.* Une esquinancie termina sa carrière. Sentant sa fin approcher , il pria quelques-uns de ses voisins , auxquels il reconnaissait plus de bon sens , de venir l'encourager à mourir. Les trois

derniers jours, il fut privé de la parole, et
ne se fit entendre que par le secours de sa
plume. Il mourut pendant que l'on disait
la messe dans sa chambre, le 13 septembre 1592.

La plus grande louange qu'on puisse
donner à cet homme illustre, c'est qu'il
ne fut pas seulement philosophe en spé-
culation, mais par pratique. Lui-même
le dit, et n'aimait pas ceux qui parlent si
bien, et n'en font pas mieux pour cela.

PIERRE CHARRON,

PHILOSOPHE FRANÇAIS,

Né en 1541, et mort en 1603.

CHARRON était l'admirateur, l'émule
et l'ami de Montaigne; il avait puisé auprès de lui cette manière hardie et origi-
nale de penser qui les distinguèrent tous
deux dans leur siècle. Ces deux hommes
illustres n'étaient pas des Français du
temps de Charles IX, mais de véritables

philosophes grecs, dignes des beaux temps
de Périclès. Non-seulement leur sagesse
était bien au-dessus de leur temps, mais,
aûtant qu'il leur a été permis, ils ont an-
noncé ces principes éternels qui régissent
toutes les nations, et que les préjugés et
les superstitions défigurent, mais ne dé-
truisent jamais. Pour donner à Charron une
marque d'amitié, Montaigne lui permit,
par son testament, de porter les armes
de sa maison ; et, par reconnaissance,
Charron fit son héritier le beau-frère de
Montaigne.

Pierre Charron était né à Paris en 1541.
Il fut d'abord avocat au parlement, et
fréquenta le barreau pendant cinq à six
ans. Il le quitta pour s'appliquer à l'étude
de la théologie et à l'éloquence de la chaire.
Plusieurs évêques s'empressèrent de l'attirer dans leurs diocèses, et lui procurèrent
des bénéfices dans leurs églises. Il fut suc-
cessivement théologal de Bazas, d'Acqs, de
Lectoure, d'Agen, de Cahors, de Con-
dom et de Bordeaux. En 1595, il fut dé-
puté à Paris pour l'assemblée générale du
clergé, et choisi pour secrétaire de cette

compagnie. Mais ces titres sont peu de chose pour la gloire de Charron ; son véritable titre est l'ouvrage intitulé , *Traité de la Sagesse*. Ce livre , à sa naissance, fit beaucoup de bruit , et attira sur son auteur la haîne et les criailleries des fanatiques et des hypocrites. Un certain *Garasse* , jésuite , aussi grossier que méchant, fut le plus acharné. Ce misérable mit un homme recommandable , sur-tout par une piété éclairée , au rang des athées ; il le peignit *livré à un athéisme brutal , acoquiné à des mélancolies langoureuses et truandes* , et voulut faire tomber sur lui toute la vengeance des lois. Malheureusement , dans tous les siècles , ces sortes de forcenés ont le talent de se faire plus écouter que les gens de bon sens et d'un esprit paisible. Deux docteurs vinrent à l'appui du jésuite Garasse. Enfin , on parvint à soulever la Sorbonne toute entière, le Châtelet et le Parlement contre un homme vertueux qui n'avait songé qu'à éclairer ses contemporains ; il était perdu si le président *Jeannin* , magistrat aussi illustre par ses lumières que par ses vertus, n'eût dissipé l'orage, en disant que le Traité de la Sagesse n'était pas un livre de théologie, mais d'*état*. Cette distinction appaisa les esprits ; et Charron, à la seconde édition de son ouvrage, affaiblit les passages qui avaient excité cette rumeur. Ses crimes étaient d'avoir dit, en considérant la multitude de religions qui couvrent la terre, que c'était des inventions humaines. Il corrigea en exceptant la religion chrétienne. Il mettait dans la bouche d'un athée, que *la religion est une sage invention des hommes, pour contenir la populace dans son devoir ;* mais ses ennemis, en lui reprochant cet axiôme véritablement impie, feignaient de ne point voir qu'il ne l'avançait que pour le combattre, et le combattre d'une manière victorieuse. Supposons un instant que Charron n'était point chrétien, comme on l'avançait ; il était au moins trop bon philosophe pour n'avoir pas senti la nécessité d'un Dieu ; et dès que cette vérité est découverte, on ne peut plus regarder la religion comme une institution humaine, mais comme un hommage que l'homme est

forcé de rendre à la Divinité. Il prétendait
aussi que l'immortalité de l'ame était la
chose la plus universellement crue, et la
plus faiblement prouvée ; ce qui est vrai
quand on ne parle point en théologien.
Enfin son plus grand crime, dans un siècle où l'on regardait comme un acte méritoire de tuer un malheureux qui adorait
Dieu selon sa conscience, fut d'avoir peint,
avec autant d'énergie que de vérité, les
malheurs qu'ont produits les querelles de
religion. C'est sur ce point qu'insiste le jésuite Garasse, qui regardait le droit de
persécuter comme une des plus belles prérogatives de l'église.

Charron n'opposa à ses ennemis que la
douceur de son caractère ; et ce fut le plus
sage. « C'était, dit l'auteur de sa vie, un
homme plein de sagesse et de piété, tel
que devait être un prêtre, qui, aux lumières de la philosophie, joignait les vérités
et la morale de la religion. » Sa conversation était agréable et enjouée, lorsqu'il
n'était question que de choses indifférentes ; énergique et pleine de choses bien
pensées, quand il se trouvait avec des gens

capables de l'entendre et de lui répondre.
Il parlait bien, et avec une aisance qui char-
mait. Sur la fin de sa vie, il eut l'amour
de la solitude ; mais les chartreux ni les cé-
lestins ne voulurent point le recevoir, à
cause de son âge avancé. Il mourut subi-
tement à Paris, au milieu d'une rue, en
1603, âgé de 62 ans. Son testament, qu'il
avait fait l'année d'auparavant, était presque tout en faveur des pauvres écoliers et
des pauvres filles.

HENRI IV,

L'UN DES MEILLEURS ROIS DE FRANCE,

Né en 1553, et mort en 1610.

Henri, roi de France et de Navarre,
naquit le 13 décembre 1553, dans le château de Pau, capitale du Béarn, d'*Antoine de Bourbon* et de *Jeanne d'Albret. Henri d'Albret*, son grand-père,
fit promettre à sa fille que dans l'enfante-
ment elle lui chanterait une chanson

gasconne, *afin*, lui dit-il, *que tu ne me fasses point un enfant pleureur et rechigné.* Au moment de l'accouchement, il se présenta avec une magnifique boîte d'or et une chaîne de pareil métal, et les promit à sa fille si elle acquittait sa promesse. Elle chanta effectivement un couplet en langue béarnaise, dans les plus grandes douleurs. Le roi de Navarre mit aussitôt la chaîne au cou de sa fille, et lui donna ensuite la boîte, en disant : *Voilà qui est à vous, ma fille ; mais*, ajouta-t-il en prenant l'enfant dans sa robe, *ceci est à moi ;* et il l'emporta dans sa chambre. Curieux d'en faire un homme, afin qu'il devînt meilleur prince, Henri d'Albret ne permit pas qu'on le nourrît avec délicatesse : « sachant bien, dit *Péréfixe*, que dans un corps mou et tendre il ne loge ordinairement qu'une ame molle et faible. Il défendit aussi qu'on le revêtît de riches habits, qu'on le flattât, et qu'on le traitât de prince, parce que toutes ces choses ne font que donner de la vanité, et élèvent le cœur des enfans plutôt dans l'orgueil que dans les sentimens de la générosité : mais il ordonna qu'on l'habilât et qu'on le nourrît comme les autres enfans du pays ; qu'on lui donnât du pain bis, du bœuf, du fromage, de l'ail ; qu'on le fît marcher pieds et tête nus ; qu'on l'accoutumât à courir et à grimper sur les rochers, à cause que par ce moyen on le faisait à la fatigue, et que, pour ainsi dire, on donnait une trempe à ce jeune corps pour le rendre plus dur et plus robuste ; ce qui, sans doute, fut très-avantageux à un prince qui devait tant supporter de fatigues dans le cours de sa vie. »

Lorsqu'il fut assez âgé, on lui donna pour précepteur un homme vertueux, nommé *la Gaucherie*, qui lui inculqua cette franchise et cette probité qui lui firent tant d'honneur par la suite. Il était alors à la cour de France, où il n'avait sous les yeux que des exemples de vices et d'intrigues, qui, heureusement, ne gâtèrent point les excellentes dispositions qu'il avait reçues de la nature. En 1566, *Jeanne d'Albret*, sa mère, qui avait embrassé ouvertement le calvinisme, voulut l'avoir à Pau, auprès d'elle, et le fit instruire

dans la religion réformée, qu'il suivit dès-
lors. En cela elle suivait autant son inclination que la politique. Trois ans après, le
jeune Henri, qui était dans sa seizième
année, fut déclaré chef des calvinistes à la
Rochelle. Il se trouva à la bataille de Jar-
nac, dans la même année (1569). *Les
forces de l'ennemi sont supérieures*, dit-
il ; *combattre à présent, c'est exposer
les hommes à crédit. J'avais bien vu
que nous nous amusions trop à jouer
des comédies à Niort, au lieu d'assem-
bler nos troupes, tandis que l'ennemi
assemblait les siennes.* Ce que le jeune
prince avait prévu arriva ; les protestans
perdirent la bataille, et avec elle le prince
de Condé. Cette journée fut suivie de celle
de Moncontour, où les calvinistes perdirent
de nouveau la bataille, parce qu'on ne
suivit point encore le conseil d'Henri. La
paix fut conclue à Saint-Germain, le 11
août 1570.

Charles IX résolut de faire massacrer
les huguenots, qu'il ne pouvait vaincre entièrement par les armes. Henri, en conséquence de ce projet abominable, fut

attiré à la cour avec les plus puissans seigneurs de son parti. On le maria ensuite
avec *Marguerite de Valois*, sœur du
roi; et ce fut pendant les réjouissances de
ses noces qu'on décida la St. Barthélemi.
Charles IX, instruit à l'école de sa mère,
la plus fourbe de toutes les femmes, prodiguait les démonstrations pendant ces
cruels préparatifs; et l'on rapporte que,
satisfait de la manière dont il se conduisit, il demanda à sa mère : *Ai-je bien
joué mon petit rôle?* Il fut mis en question si Henri serait du nombre de ceux
que l'on devait assassiner, et l'on décida
l'affirmative; mais il eut le bonheur d'é-
chapper. « Alors Charles IX, dit Péréfixe,
se les fit amener en sa présence; il leur
montra un monceau de corps morts, et,
avec d'horribles menaces, sans vouloir
écouter leurs raisons, il leur dit : *La mort
ou la messe!* Ils choisirent plutôt le dernier que le premier : ils abjurèrent le calvinisme; mais, parce qu'on savait que ce
n'était pas de bon cœur, on les faisait
observer si étroitement, qu'ils ne purent
s'évader de la cour pendant les deux ans

que vécut Charles IX, ni même long-temps
après sa mort. »

Ce fut en 1576 qu'il s'évada et qu'il se
retira à Alençon, où il se mit de nouveau
à la tête du parti huguenot. Quelque temps
avant cette évasion, il donna une preuve
éclatante de sa vertu et de sa modération.
Henri III, qui avait succédé à Charles IX,
étant tombé malade, se crut empoisonné,
et en accusa *Monsieur*, son frère. Comme
il ne voyait autour de lui que notre Henri
qui fût assez honnête homme pour qu'il
pût lui donner sa confiance, il le fit venir
auprès de son lit, lui exposa ses soupçons,
et lui ordonna (c'est Péréfixe qui parle)
de se défaire de *Monsieur*, dès aussi-tôt
qu'il serait mort, s'efforçant de tout son
possible de lui persuader que ce méchant
le ferait périr lui et les siens, s'il ne le pré-
venait... Notre Henri tacha d'adoucir la
fureur du roi, et lui remontra les horribles conséquences de ce commandement :
mais le roi ne se paya pas de raisons ;
au contraire, il s'emporta de telle sorte,
qu'il voulut qu'il l'exécutât sur-le-champ,
de peur qu'il n'y manquât quand il serait

mort. Si les deux frères , savoir , le roi et
Monsieur, eussent été hors du monde , la
couronne lui appartenait. Or ; l'un , dans
toutes les apparences, allait mourir, et il
pouvait faire mourir l'autre , ayant les favoris, les officiers du roi , les Guises , leurs
amis et presque tous les seigneurs à sa
dévotion ; car *Monsieur* était un prince
de mauvaise mine , de cœur assez bas , et
néanmoins malin et cruel , et, par toutes
ces belles qualités , haï presque de tout le
monde. Combien peu de princes eussent
manqué une si belle occasion ? le dirai-je
hardiment ? combien y en a-t-il qui la re-
chercheraient ! Et toutefois notre héros
(c'est dans une telle action qu'il faut le
nommer ainsi) eut horreur de la furieuse
vengeance de Henri III , bien loin de s'en
prévaloir. Est-il une plus belle ambition,
continue Péréfixe , que de la savoir modé-
rer quand elle n'est pas juste, et de vouloir conserver sa conscience et son honneur,
plutôt que d'acquérir une couronne par de
lâches voies ? Les diadèmes, acquis par
d'aussi méchans moyens ne sont pas des
marques de gloire sur le front de ceux qui

les portent ; ce sont plutôt des frontaux
d'infamie, tels qu'on en met aux pendards
et aux voleurs. » (*Hist. de Henri IV.*)

Henri, derechef à la tête des huguenots, se trouva exposé à tous les risques et
à toutes les fatigues de la guerre civile,
manquant souvent du nécessaire, n'ayant
jamais de repos, et se hasardant comme le
dernier des soldats. On le vit souvent dans
les camps se confondre parmi eux, se coucher sur la paille comme eux, et se nourrir
du même pain. Depuis ce temps-là jusqu'en
1589, sa vie fut un mélange continuel de
combats, de pacifications et de ruptures
avec la cour de France. Il remporta divers
avantages et gagna la bataille de Coutras,
en 1587. Avant que l'action commençât,
il se tourna vers le prince de Condé et le
duc de Soissons, et leur dit avec cette confiance qui précède la victoire : *Souvenez-
vous que vous êtes du sang des Bour-
bons, et, vive Dieu ! je vous ferai voir
que je suis votre aîné.* S'appercevant,
dans la chaleur de l'action, que quelques-
uns des siens se mettaient devant lui à
dessein de couvrir et de défendre sa per-

sonne, il leur cria : *A quartier, je vous
prie; ne m'offusquez pas, je veux paraître.* Il enfonça les premiers rangs des
catholiques, fit des prisonniers de sa main,
et en vint jusqu'à colleter le brave Cas-
teau-Regnard, cornette de gendarmes,
lui criant d'un ton qui n'était qu'à lui :
Rends-toi, Philistin! Après la victoire,
on lui présenta les bijoux et les autres magnifiques bagatelles de *Joyeuse*, général
des catholiques, tué au milieu de l'action ;
il les dédaigna, en disant : *Il ne convient
qu'à des comédiens de tirer vanité des
riches habits qu'ils portent. Le véritable ornement d'un général est le courage, la présence d'esprit dans une bataille, et la clémence après la victoire.*

On reproche à ce prince de n'avoir pas
profité de son heureux succès ; car il sépara
ses troupes et se retira en Béarn : mais il
voulait montrer au faible Henri III que,
quoique vainqueur, il le respectait encore
comme son roi. Il lui avait offert plusieurs
fois ses services contre les Guises et la
ligue, qui inquiétaient cet indolent monarque encore plus que les huguenots, et

n'en

n'en avait jamais reçu que des refus. Mais enfin *Mayenne* s'étant mis à la tête des ligueurs, pour venger la mort de ses frères, fit changer la volonté du roi, qui se vit menacé des plus grands malheurs; il appela alors à son secours le roi de Navarre. Celui-ci fut plus sensible à la gloire de protéger son beau-frère, qu'à la victoire qu'il avait remportée sur lui.

« Il mena son armée au roi; mais avant que ses troupes fussent arrivées, il vint le trouver, accompagné d'un seul page. Le roi fut étonné de ce trait de générosité, dont il n'aurait pas lui-même été capable. Les deux rois marchèrent à Paris à la tête d'une armée puissante. La ville n'était point en état de se défendre. La ligue touchait au moment de sa ruine entière, lorsqu'un *jeune religieux* de l'ordre de Saint-Dominique changea toute la face des affaires. Son nom était *Jacques Clément*. Sa farouche piété et son esprit noir et mélancolique se laissèrent bientôt entraîner au fanatisme, par les importunes clameurs des *prêtres*. Il se chargea d'être le libérateur et le martyr de la sainte ligue. Il communiqua son pro-

3.   K.

jet à ses amis et à ses supérieurs. Tous l'encouragèrent et le canonisèrent d'avance. Clément se prépara à son parricide par des jeûnes et par des prières continuelles pendant des nuits entières. Il se confessa, reçut les sacremens, puis acheta un bon couteau. Il alla à Saint-Cloud, où était le quartier du roi, et demanda à être présenté à ce prince, sous prétexte de lui révéler un secret dont il lui importait d'être promptement instruit. Ayant été conduit devant sa majesté, il se prosterna avec une modeste rougeur sur le front, et il lui remit une lettre. Tandis que le roi lit, le moine le frappe dans le ventre, et laisse le couteau dans la plaie ; ensuite, avec un regard assuré, et les mains sur sa poitrine, il lève les yeux au ciel, attendant paisiblement les suites de son assassinat.... Henri de Navarre fut alors roi de France par le droit de sa naissance, reconnu d'une partie de l'armée et abandonné par l'autre. » (*Voltaire*, *Essai sur les Guerres civiles de France.*)

La religion servit de prétexte à la moitié des chefs de l'armée pour se retirer, et à la ligue pour ne point reconnaître le nouveau roi. Presque tous ses officiers l'auraient quitté, si l'un d'eux, aussi prudent que généreux, ne les eût retenus, en disant hautement à Henri : *Sire, vous êtes le roi des braves, et vous ne serez abandonné que des poltrons.* Les ligueurs lui opposèrent un fantôme de roi dans le vieux cardinal de Bourbon ; mais, dans le fait, Mayenne avait toute l'autorité royale. Henri, avec peu d'amis, peu de places importantes, point d'argent et une petite armée, trouva dans son courage, son activité et sa politique, tout ce qui lui manquait. Il gagna plusieurs batailles, et entr'autres, celle d'Ivry, sur le duc de Mayenne, une des plus remarquables qui ait jamais été donnée. Son courage en décida. Avant l'action, il dit à ses soldats : *Si vous perdez vos enseignes, ralliez-vous à mon panache blanc ; vous le trouverez toujours au chemin de l'honneur et de la gloire.* En voyant les vainqueurs acharnés à poursuivre les vaincus, il criait de toutes ses forces : *Sauvez les Français ! sauvez les Français !* Tous

K 2

ces traits, dit Millot, peignent le grand homme qui possède l'art de gagner les cœurs. On doit y ajouter les caresses, les éloges dont il honora les officiers. Le maréchal d'Aumont étant venu le soir prendre ses ordres, il l'embrassa tendrement, l'invita à souper, et le fit asseoir à table. *Il est bien juste*, dit-il, *qu'il soit du festin, puisqu'il m'a si bien servi à mes noces.* Nous devons sur-tout admirer la réparation qu'il avait faite à *Schomberg*. Ce général des Allemands, quelques jours avant la bataille, lui demanda la paye de ses troupes. Les finances manquaient ; un mouvement de dépit emporta le roi : *Jamais homme de cœur*, répondit-il, *n'a demandé d'argent quand il faut prendre les ordres de la bataille.* Se repentant d'une vivacité injurieuse, il saisit, pour la réparer, le moment où l'on allait se battre. *M. de Schomberg*, dit-il, *je vous ai offensé. Cette journée sera peut-être la dernière de ma vie : je ne veux point emporter l'honneur d'un gentilhomme ; je sais votre mérite et votre valeur : je vous prie de me pardonner, et embrassez-moi*. Schomberg lui répondit : *Il est vrai que votre majesté m'a blessé l'autre jour ; aujourd'hui elle me tue , car l'honneur qu'elle me fait m'oblige de mourir en cette occasion pour son service.* Le brave Allemand signala en effet sa valeur , et fut tué auprès du roi.

Henri IV , après la bataille d'Ivri , vint former le blocus de Paris. Sur ces entrefaites , le cardinal de Bourbon mourut à Fontainebleau , où on le retenait. « Alors la Sorbonne décida solemnellement que Henri de Bourbon, *hérétique,* fauteur d'hérétiques , relaps et excommunié , *quand même il serait absous des censures ,* ne pouvait être admis à la couronne ; qu'on est obligé en conscience de l'empêcher d'y parvenir ; qu'en mourant pour une si sainte cause , *on s'assurait la palme du martyre…* Pour comble de démence, on forme *une espèce de régiment de prêtres et de moines ,* qui parcourent les rues en procession , la cuirasse sur le dos et le mousquet sur l'épaule ; spectacle ridicule, mais propre à exciter le fanatisme de la populace. Le légat voulut animer la troupe par

3

sa présence. Un de ces nouveaux soldats
tire pour le saluer, ne sachant pas sans
doute que son arquebuse était chargée à
balle. L'aumônier du légat reçoit le coup,
et meurt dans le carrosse. On s'écrie de
toutes parts, qu'il est heureux de mourir
dans une si sainte action ; *qu'il fallait
le croire, parce que monseigneur le
légat, qui savait bien ce qui en était,
l'assurait ainsi.* »

« Il restait environ deux cent vingt mille
personnes dans Paris. Trois mois de blocus avaient épuisé les vivres : la famine
devenait intolérable. On était déjà réduit
à pulvériser les os de morts pour en faire
du pain. *Les religieux, qui inspiraient
l'ardeur du martyre, n'étaient pas les
plus indifférens pour la vie.* Une visite
faite dans les couvens dévoila leurs ma-
nœuvres intéressées ; et *Mézerai* assure
même qu'on trouva dans celui des capucins d'abondantes provisions. Cette découverte fut une petite ressource. Mais Paris
ne pouvait échapper à Henri IV, si, par
un excès de bonté, il n'eût souffert que
les bouches inutiles se retirassent, que ses

propres officiers et ses soldats fissent entrer des rafraîchissemens pour leurs amis.
On raconte que deux paysans qui allaient
être pendus, pour avoir amené du pain à
une poterne, s'étant jetés à ses genoux,
et lui représentant qu'ils n'avaient pas
d'autre moyen de gagner leur vie : *Allez
en paix*, leur dit-il en leur donnant l'argent qu'il avait sur lui ; *le Béarnais est
pauvre ; s'il en avait davantage, il
vous le donnerait.* Il entrait sans doute
de l'imprudence dans cette conduite, mais
une imprudence digne d'admiration. *J'ai-
merais quasi mieux,* disait ce bon prince,
*n'avoir point de Paris, que de l'avoir
tout ruiné par la mort de tant de personnes.* » (*Millot.*)

Le duc de Parme, envoyé par Philippe II,
roi d'Espagne, lui fit lever le siége prêt
à finir. Cependant le duc de Mayenne,
voyant que ni l'Espagne ni la Ligue ne
lui donneraient jamais la couronne de
France, résolut de faire reconnaître celui
à qui elle appartenait ; il engagea les
états à une conférence entre les catholiques des deux partis. Cette conférence

4

fut suivie de l'abjuration de Henri à St.-
Denis, en 1593, et de son sacre à Chartres.
Sully, son plus sage et plus fidèle ami,
quoique zélé calviniste, fut un de ceux
qui l'engagèrent plus fortement à se faire
catholique. On rapporte qu'il dit à ceux
qui lui reprochaient son abjuration, que
Paris valait bien une messe. Entré
dans cette capitale un an après, il pardonna sans peine aux ligueurs, et renvoya
tous les étrangers, qu'il pouvait retenir prisonniers.

Après avoir été obligé de faire la guerre
aux Français, il fallut la faire, en 1595,
aux Espagnols. Cette même année il reçut
une absolution complète du pape Clément VIII, qui se fit beaucoup prier pour
si peu de chose; mais ce qu'il y eut de plus
mémorable dans le cours de la même année,
ce fut *l'édit de Nantes*, par lequel il était
permis aux Français calvinistes d'adorer
Dieu suivant leur conscience. Les Espagnols
furent battus à la rencontre de Fontaine, et
chassés d'Amiens en 1597, à la vue de l'archiduc *Albert*, contraint de se retirer. Le duc de
Mayenne avait fait son accommodement en

1596; le duc de *Mercœur* se soumit en 1598, avec la Bretagne dont il s'était emparé. Il ne restait plus qu'à faire la paix avec l'Espagne; elle fut conclue à Vervins, le 2 mai de la même année. Depuis ce jour jusqu'à la mort de Henri, la France fut exempte de guerre civile et étrangère, si l'on en excepte l'expédition de 1600 contre le duc de Savoie, qui fut suivie d'un traité avantageux.

L'abjuration du roi n'avait point encore satisfait les plus fanatiques de la ligue. Les théologiens et les prédicateurs déclamèrent, et écrivirent avec un redoublement de frénésie. La première année de son abjuration, il fut presque victime de ce fanatisme odieux. Un jeune batelier nommé *Barrière*, forma le dessein de l'assassiner. Découvert par un jacobin, et mis à la question, il nomma un *capucin*, un *jésuite*, un *curé* de Paris et un autre *prêtre* qui l'avaient exhorté à ce crime. Ce misérable fut exécuté, et le roi, trop bon, ne permit point qu'on recherchât les complices. Un autre monstre, appelé *Jean Châtel*, le frappa d'un coup de couteau à la gorge, et dit dans son interrogatoire,

5

qu'il s'était déterminé à ce forfait *pour expier ses péchés*; qu'il croyait cette action juste et méritoire ; qu'il l'avait entendu décider en plusieurs endroits, et notamment chez les *jésuites*, où il avait fait une partie de ses études. Il ajouta que ces pères l'avaient souvent introduit dans une *chambre de méditations* pleine de figures effroyables de l'enfer, dont sans doute son imagination avait été trop émue. On rapporte que cet excellent prince, qui ne voulait que le bonheur des hommes, fut le but d'au moins cinquante conspirations ; et le plus grand nombre vint de la part des *prêtres*. Deux *dominicains* de Flandres, un *frère lai* sorti de chez les *capucins* de Milan, étaient venus exprès pour le tuer, et furent punis de mort. Un *chartreux* nommé *Pierre Ouin*, un *vicaire* de Saint - Nicolas - des - Champs, pendu en 1596; un tapissier, un malheureux qui contrefaisait l'insensé, méditèrent le même assassinat. Le maréchal de Biron, son ancien ami, et qui lui avait rendu de grands services, se lia avec le duc de Savoie, l'ennemi de la France, et avec l'Espagne, dans l'intention de le perdre. Ses projets criminels furent découverts, on l'arrêta ; il fut condamné à avoir la tête tranchée, et ce fut le seul grand coupable à qui Henri IV, contre son caractère, ne voulut point pardonner. Mademoiselle d'*Entragues*, marquise de Verneuil, sa maîtresse, voulant faire valoir une promesse de mariage qu'il avait eu la faiblesse imprudente de lui donner, porta aussi l'ingratitude jusqu'à conspirer contre lui : Hénault dit qu'un *capucin*, confesseur de la marquise, conduisit cette conspiration. Henri pardonna à cette femme méchante et à ses complices. Enfin *Ravaillac*, autre misérable, enivré du venin de la ligue, et qui avait été *moine*, exécuta ce que tant d'autres avaient tenté. Henri IV allait voir Sully à l'Arsenal ; un embarras de charrettes dans la rue de la Féronnerie arrêta son carrosse. Ravaillac, qui depuis plusieurs jours épiait le moment d'achever son crime, monta sur un rayon de la roue, et donna deux coups de couteau au roi, qui expira sur-le-champ. Cet attentat eut lieu le 14 mai 1610, dans la cin-

6

quante-septième année de Henri IV,
et dans la vingt-deuxième de son règne.
Ravaillac, dans son interrogatoire et en
expirant dans les supplices, soutint qu'il
n'avait point de complices. Il avoua seulement qu'il avait parlé au *père* d'Aubigny, *jésuite*, de quelques visions qu'il avait
eues, dont le père d'Aubigny, par prudence, ne voulut point se souvenir.

Voltaire prétend qu'il faut croire que le
fanatisme seul fit commettre ce crime à
Ravaillac. D'autres historiens jettent des
soupçons sur les jésuites; d'autres sur son
épouse, *Marie de Médicis*. Cette reine,
il est vrai, n'aimait nullement son époux,
et prenait plaisir à lui causer mille petits
chagrins domestiques qui le désolaient.
Elle marqua peu de regrets de sa mort,
et beaucoup d'empressement pour régner;
mais les soupçons que l'on a conçus sur
elle ne sont pas assez fondés pour être
adoptés. Il faut donc rester dans l'indécis
à ce sujet. *Les juges qui interrogèrent
Ravaillac*, dit Péréfixe, *n'osèrent en
ouvrir la bouche, et n'en parlèrent que
des épaules.*

Henri IV était d'une taille médiocre, et avait cependant, dans l'occasion, de la noblesse dans le maintien ; mais sa physionomie annonçait plus d'amabilité que de cet air de maître qui rappelle toujours aux autres qu'ils sont dans la dépendance. Il unissait, dit *Hénault*, à une extrème franchise la plus adroite politique, aux sentimens les plus élevés une simplicité de mœurs charmante, et à un courage de soldat un fonds d'humanité inépuisable. Souvent il se familiarisait avec les soldats et le peuple, de manière à n'en être que plus respecté. Sa grande ambition était de rendre les Français heureux. Le duc de Savoie lui demandant un jour ce que la France pouvait lui valoir de revenu : *Tout ce que je veux*, répondit-il, *parce qu'ayant le cœur de mon peuple, j'en aurai ce que je voudrai. Si Dieu me donne la vie, je ferai qu'il n'y aura point de laboureur en France qui n'ait moyen d'avoir une poule dans son pot ; et si*, ajouta-t-il fièrement, *je ne laisserai point d'entretenir des gens de guerre, pour mettre à la raison tous ceux qui choqueront mon autorité.*

Il était l'ami des officiers comme le père du peuple. L'ambassadeur d'Espagne lui témoignant sa surprise de le voir en quelque sorte assiégé par une troupe de gentilshommes : *Et si vous m'aviez donc vu le jour d'une bataille !* dit le bon roi ; *ils me pressaient bien davantage.* Un jour, en présence des grands de la cour et des ministres étrangers, mettant la main sur l'épaule de *Crillon : Messieurs* , dit-il, *voilà le premier capitaine du monde.* Crillon répliqua, avec sa naïveté militaire : *Sire , vous en avez menti; c'est vous.* Ce brusque éloge en valait bien un autre. La bonté d'Henri IV ne dégénérait pas cependant en molle complaisance. Il savait refuser à propos , et faire goûter la justice de ses refus. Un homme de condition lui demandait grace pour son neveu, coupable de meurtre : il entra dans sa douleur, sans cependant lui rien accorder. Il ajouta : *Il vous sied bien de faire l'oncle, et à moi de faire le roi. J'excuse votre requête , excusez mon refus.*

Son plus sincère ami , et celui qui lui

aida le plus à rendre son règne avantageux
au peuple , fut Sully. Par les conseils et
les soins de ce sage ministre , il vivifia les
provinces , y fit fleurir l'agriculture , source
première de toute richesse , établit des
manufactures , et bannit le luxe qui , après
tant de maux et de pertes , n'aurait été que
plus funeste. Il paya ses dettes , celles de
l'état qui étaient énormes , et laissa à sa
mort, dans les coffres , dix-sept millions
d'épargne , qu'il destinait à la guerre qu'il
allait entreprendre contre la maison d'Autriche.

Le commerce , la navigation , furent en
honneur ; et sur la fin de son règne , les
étoffes d'or et d'argent , qui d'abord avaient
été sagement proscrites , reparurent avec
plus d'éclat , et enrichirent Lyon et la
France. Il établit des manufactures de
tapisseries de haute-lisse , en laine et en
soie rehaussées d'or. On commença à faire
de petites glaces dans le goût de celles de
Venise. C'est à lui seul qu'on doit les vers
à soie et les plantations de mûriers ; Sully
était contraire au dessein de les introduire
en France. Ce fut sous son règne que fut

formé le projet du canal de Briare , par
lequel la Seine et la Loire furent jointes ;
projet qui fut exécuté sous son successeur.
Paris fut embelli et agrandi. Saint-Germain-
en-Laie , Monceaux , Fontainebleau , et
sur-tout le Louvre , furent augmentés et
presque entièrement bâtis. Il avait fait lo-
ger au Louvre , sous cette longue galerie
qui est son ouvrage , des artistes en tout
genre , qu'il encouragea souvent de ses regards comme de ses récompenses. Il aimait les lettres et savait les goûter. Sous
son règne on les vit refleurir : plusieurs
savans reçurent des encouragemens et
des distinctions. Il y mettait même une
grace qui en doublait le prix. Sully , qui
ignorait ce que les arts et les lettres sont pour
la gloire des nations , dit un jour avec
cette brusquerie qui lui était ordinaire , au
savant *Casaubon*, que Henri avait fixé en
France par ses bienfaits: *Vous coûtez trop*
au roi , monsieur ; vous avez plus que
deux bons capitaines , et vous ne ser-
vez de rien. Casaubon , qui était fort
doux , fut s'en plaindre à Henri IV ; ce
bon roi lui dit: *M. Casaubon , que cela*

ne vous mette pas en peine : j'ai partagé avec M. de Sully ; il a toutes les mauvaises graces, et moi je me suis réservé les bonnes. Quand il faudra aller à lui pour vos appointemens, venez à moi auparavant, je vous dirai le mot du guet pour être facilement payé. Le collége royal, cette belle institution de François Ier., s'était ressenti des malheurs publics ; les professeurs, privés du fruit de leurs travaux, le redemandèrent à Henri IV : *Qu'on diminue de ma dépense,* dit ce prince ; *qu'on ôte de ma table pour payer mes lecteurs : je veux les contenter, Sully les payera.*

La plus belle et la plus noble vertu de Henri IV fut la clémence ; mais en lui ce fut une vertu du cœur, un penchant de caractère, et non une politique utile, comme on l'a vu dans plusieurs autres princes : il pardonna moins pour être en sûreté, que pour sauver des malheureux et s'en faire aimer. Comme des courtisans moins généreux que lui l'exhortaient à se venger, il leur fit cette réponse admirable : *La satisfaction qu'on tire de la ven-*

geance ne dure qu'un moment, mais celle qu'on tire de la clémence est éternelle. On lui parlait d'un brave officier qui avait été de la ligue, et dont il n'était pas aimé : *Je veux*, dit-il, *lui faire tant de bien, que je le forcerai de m'aimer malgré lui.* L'éloge le plus beau et le plus vrai qu'on ait fait de lui, est celui qui dit qu'il fut *le seul roi dont le peuple ait gardé la mémoire.*

Après avoir indiqué quelques-unes de ses grandes qualités, il faut bien dire un mot de ses défauts : c'est qu'il aima trop le jeu et les femmes. Ses maîtresses furent nombreuses, et lui firent commettre quelques actions indignes de lui : il se déguisa une fois en paysan, et se chargea d'un sac de paille pour aller voir, pendant les fureurs de la ligue, la belle *Gabrielle d'Estrées*, celle de toutes ses maîtresses qu'il aima le plus. Il eut l'imprudence de faire une promesse de mariage à la marquise de *Verneuil*, qui succéda dans son cœur à la belle Gabrielle. On rapporte à ce sujet un trait de fermeté de Sully, qui mérite de grandes louanges. Henri lui ayant

montré cette promesse de mariage , Sully
la lut et la déchira. Le roi étonné, lui dit :
*Eh ! que faites-vous , Rosni ? êtes-vous
fou ? Plût à Dieu , Sire , répondit Sully,
que je le fusse tant, qu'il n'y eût que moi
de fou en France.* La réponse était hardie ; mais Henri était modéré et sentait sa
faute , quoiqu'il ne laissât pas de la recom-
mencer. La justice qu'il faut lui rendre ,
c'est qu'il ne fut jamais gouverné par ses
maîtresses ; il dit plusieurs fois à la marquise de Verneuil , et à Gabrielle elle-
même, qui toutes deux détestaient Sully :
*Je me passerais mieux de dix maîtresses
comme vous , que d'un ministre comme
lui.*

Henri IV fut marié deux fois , ou plutôt
une seule , puisqu'il fit rompre son premier
mariage avec *Marguerite de Valois* , qui
se conduisait en véritable *messaline*. Il
eut de Marie de Médicis trois garçons et
trois filles : il eut de ses maîtresses une
quantité d'autres enfans , dont quelques-
uns furent reconnus.

~~~~~~~~~~~~~~~~~~~~~~~~~~~~~~~~~~~

SULLY,

AMI ET MINISTRE DE HENRI IV,

Né en 1559, et mort en 1641.

———————

S U L L Y est, sans contredit, l'un des plus
grands hommes de la France, qui a eu le
moins de reproches à se faire. Il eut trois
grands points que l'on voit rarement réunis ; *le génie, la vertu et la fermeté ;*
aussi fit-il de grandes choses sans injustice,
et le bien sans crainte. Il est du très-petit
nombre d'hommes de mérite qui sont
parvenus sans rien faire d'indigne d'eux ;
aussi est-ce encore un éloge qui revient à
Henri IV, que ce ministre n'ait pas eu
besoin d'adoucir sa vertueuse sévérité pour
monter aux premiers emplois et s'y maintenir.

Maximilien de Béthune, baron de
Rosni, duc de *Sully*, naquit à Rosni, en
1559. A onze ans ses parens le présentèrent à la reine de Navarre et au jeune

Henri. *Florent Chrétien*, précepteur de ce prince, donna aussi des leçons à Rosni, qui suivit Henri à Paris. Il s'y trouva à l'époque du massacre de la Saint-Barthélemi, et n'y échappa qu'à la faveur de sa robe d'écolier, et d'un gros livre *d'Heures* qu'il prit sous son bras. Le principal du collége de Bourgogne, qui l'aimait, le tint caché chez lui pendant trois jours. Le jeune Sully y vit venir plusieurs catholiques furieux, qui l'eussent égorgé sur-le-champ, s'ils eussent même soupçonné ce qu'il était ; il entendit entr'autres deux *prêtres* qui se réjouissaient de la boucherie horrible qu'ils venaient de voir, et qui formaient de nouveaux projets de massacre. Rosni échappa pour le bonheur de la France. Il continua ses études à Paris, en se conformant, en apparence, à la façon de penser des plus forts, et allant à la messe, suivant l'ordre qu'il en avait reçu de son père. Il montra en même temps un nouvel attachement pour le prince de Navarre. Quand Henri se mit avec le prince de Condé à la tête des Huguenots, Rosni partit, et commença ses premières armes

pour la cause qu'il croyait la plus juste. Il
fut enseigne-colonelle d'un régiment. A la
prise de la Réole, il parut un des premiers
sur la muraille ; au siége de Ville-Franche ,
il fut précipité à coups de pique du haut
de l'escarpe où il était déjà monté, dans le
fossé , où il se trouva si embarrassé dans
le taffetas de son drapeau, qu'il aurait été
étouffé dans les boues si quelques soldats
ne fussent accourus à son secours. Cet accident, loin de l'abattre, lui inspira une
nouvelle audace ; il remonta à l'assaut ,
entra dans la ville , où , pour le consoler ,
un vieillard , qui fuyait devant cinq à six
soldats , le pria de lui sauver la vie , et lui
remit entre les mains une grosse bourse
pleine d'or. Sa bravoure et sa franchise le
rendirent l'ami de Henri , qui retrouvait en
lui ses qualités principales.

A Cahors, Rosni eut encore occasion de
se distinguer, et , toujours heureux dans
ces sortes d'occasions , sans être ardent à
courir au butin , il trouva par hasard dans
le sac de la ville , une boîte de fer où il y
avait quatre mille écus d'or. Sa valeur le
fit monter en grade : Henri lui donna , à

Marmande, le commandement d'un déta-
chement pour attirer l'ennemi dans une
embuscade, et Rosni fit son devoir à l'ordinaire. S'étant brouillé avec le roi de
Navarre, pour une chose où il était dans
son tort, il fut offrir ses services *à Monsieur*, frère du roi, après cependant s'être
réconcilié avec Henri, et lui avoir dit qu'il
ne suivait le parti de Monsieur, que parce
qu'il lui avait promis de le faire rentrer
dans quelqu'un de ses biens. Ayant été
trompé par ce prince, il revint auprès du
roi de Navarre, qui l'accueillit avec sa
bonté accoutumée, et lui confia différentes
commissions délicates. L'insolence des ligueurs ayant contraint Henri III de faire
quelque ouverture au roi de Navarre,
celui-ci envoya à la cour Rosni pour faire
part de ses sentimens au roi de France, et
traiter avec les députés des cantons protestans des Suisses. Rosni, qui était aussi
habile politique que brave guerrier, les décida à fournir seize mille hommes, tant
pour le roi de Navarre que pour celui de
France. Le succès de sa négociation lui
donna un nouveau crédit. Henri de Na-

varre lui confia par la suite une grande
partie de son artillerie, ayant vu avec
quelle habileté il avait placé ses batteries,
et avec quelle adresse il les avait fait jouer
au siége de Talmont-sur-Jard. Il fut par
la suite employé avec beaucoup de succès
dans différens siéges. En 1587, avec six
chevaux seulement, il défit et emmena
prisonniers quarante ennemis; et cette
action contribua beaucoup à la victoire:
Vos pièces ont fait merveille, lui dit
Henri, *et je n'oublierai jamais le service que vous m'avez rendu.*

Dans ces entrefaites, le roi de France
ayant désiré se réunir au roi de Navarre,
Rosni fut encore envoyé auprès de Henri III; et se conduisit de manière à s'attirer de nouvelles louanges: mais un
gouvernement sur lequel il avait compté,
ayant été donné à un autre, il fut encore
sur le point de quitter le roi de Navarre.
L'ingratitude lui était insupportable: cependant, ayant réfléchi que Henri avait
beaucoup de gens à satisfaire et peu de
chose à donner, il oublia le passe-droit
qu'on lui avait fait, et resta fidèle.

Au

Au combat de Fosseuse, journée très-meurtrière, il marcha cinq fois à la charge, eut son cheval renversé sous lui, et deux épées cassées entre ses mains. A la bataille d'Arques, à la tête de deux cents chevaux, il en attaqua neuf cents des ennemis, et les fit reculer. A la journée d'Ivri, il courut les plus grands dangers, et se couvrit de gloire. Dans la mêlée, il eut son cheval percé d'un coup de mousquet, et tomba sous lui ; en même temps il reçut un coup de lance qui lui emporta le gras de la jambe et lui ouvrit la peau du ventre, sans pénétrer bien avant. Comme il voulait se relever, il reçut encore un coup d'épée dans la main, et un coup de pistolet dans la hanche. Son écuyer, qui le suivait de près, lui amena un autre cheval, sur lequel Rosni remonta aussitôt, se mêlant de nouveau parmi les ennemis ; mais ses blessures le mettant hors d'état de se défendre, il en reçut plusieurs autres, et fut renversé une seconde fois d'un coup de pistolet dans la cuisse, et d'un coup d'épée sur la tête. Pour cette fois, son cheval ayant été tué sous lui,

3.   L

il tomba lui - même parmi les morts.

Lorsqu'il recouvra ses esprits , le fort du combat s'était porté ailleurs. Henri IV avait remporté la victoire , et poursuivait les fuyards. Rosni, qui ignorait ce qui s'était passé , se releva avec peine , et ne sut où porter ses pas : il croyait que la victoire , au contraire , avait été remportée par les ligueurs ; il souhaita que quelque officier ennemi passât et le fît prisonnier. A peine était-il venu à bout de se démêler des monceaux de cadavres qui l'environnaient, qu'il vit venir sur lui à toute bride un cavalier ennemi, qui l'aborda l'épée à la main. Tout ce que Rosni put faire, fut de gagner un arbre voisin , dont les branches fortes et touffues pendaient presque jusqu'à terre. Il se mit dessous, tournant autour du tronc autant de fois que le cavalier tournait lui - même pour l'atteindre. Celui-ci , après avoir en vain porté plusieurs coups d'épée , que les branches parèrent, craignant à son tour d'être poursuivi , s'éloigna avec rapidité. Un instant après Rosni vit passer un autre cavalier du parti du roi , qui lui vendit un petit cheval, avec lequel il essaya de regagner l'armée. Une nouvelle crainte vint alors l'assaillir : il apperçut une petite troupe de sept hommes très-bien équipés, l'un desquels portait l'enseigne du duc de Mayenne : il se crut, cette fois-ci, entre les mains des ennemis ; mais ayant répondu son nom au cri de *qui vive*, il fut, au contraire, bien étonné de voir ces seigneurs, qui étaient de sa connaissance, lui demander s'il voulait les recevoir pour ses prisonniers, et leur sauver la vie. Ce fut alors seulement qu'il apprit les avantages de Henri IV ; et, bien contre son attente, il se retira en sûreté avec sept prisonniers et une enseigne.

Ses blessures ne s'étant pas trouvé dangereuses, il se fit porter à sa terre de Rosni, pour être plus à portée d'obtenir le gouvernement de la ville de Mantes, réduite à l'extrémité. Dans l'espoir d'être plus remarqué du roi, il donna à sa marche une sorte de triomphe : ses gens et ses prisonniers l'accompagnaient, et lui était porté sur un brancard abrité par les riches casaques de ses prisonniers. Le roi, qui chassait, se rencontra sur son pas-

L 2

sage, et le revit avec joie. Après s'être informé de l'état de ses blessures, et avoir appris ce qu'il avait fait, il lui dit avec une sorte d'enthousiasme : *Brave soldat, vaillant chevalier, j'ai toujours eu la plus haute opinion de votre courage et de votre vertu ; mais vos actions signalées et la modestie de votre réponse ont surpassé mon attente ; et partant, en présence de ces princes, capitaines et grands chevaliers, je veux vous embrasser des deux bras.* Rosni, après de pareilles marques d'amitié, ne douta pas que le gouvernement de Mantes serait à lui ; il ne l'eut pas cependant : Henri IV n'était point le maître de faire tout ce qu'il desirait et trouvait de plus juste ; il avait besoin de s'attacher les catholiques, et leur donnait de préférence les graces et les bienfaits. Rosni montra son mécontentement pendant quelques jours, et revint ensuite, avec des béquilles et à moitié guéri, auprès de Henri, qui fut assiéger Paris.

Après la reddition de Paris, Rosni fut employé à diverses négociations impor-

tantes, et finit par obtenir le prix de ses
services et de sa fidélité. Il fut secrétaire
d'état en 1594, membre du conseil des
finances en 1596, surintendant des finances et grand-voyer de France en 1597,
grand-maître de l'artillerie en 1601, gouverneur de la Bastille et surintendant
des fortifications en 1602. Tant d'emplois
différens n'effrayèrent point son activité.
De brave guerrier il devint ministre habile, et prouva que le génie se ploie à
tout ; mais sa probité fut encore au-dessus
de son génie : il remédia au brigandage
des partisans, et ne craignit pas, pour
remplir son devoir à la rigueur, de se faire
une multitude d'ennemis. En 1596 on levait 150 millions pour en faire entrer environ trente dans les coffres du roi : le
nouveau surintendant mit un si bel ordre
dans les affaires de son maître, qu'en dix
ans il acquitta deux cents millions de
dettes, et mit en réserve trente millions
d'argent comptant dans la Bastille.

Pour concevoir comment il pouvait suffire
aux travaux immenses dont il était chargé,
il faut prendre une idée de sa conduite

3

journalière. Tous les jours il se levait à quatre heures du matin. Les deux premières heures étaient employées à lire et à expédier les mémoires, qui étaient toujours mis sur son bureau ; c'est ce qu'il appelait *nétoyer le tapis*. A sept heures il se rendait au conseil, et passait le reste de la matinée chez le roi, qui lui donnait ses ordres sur les différentes charges dont il était revêtu. A midi il dînait. Après dîné il donnait une audience réglée. Tout le monde y était admis. Les ecclésiastiques de l'une et l'autre religion étaient d'abord écoutés ; les gens de village et autres personnes simples qui appréhendaient de l'approcher, avaient leur tour immédiatement après : les qualités étaient un titre pour être expédié des derniers. Il travaillait ensuite ordinairement jusqu'à l'heure du souper. Dès qu'elle était venue il faisait fermer les portes. Il oubliait alors toutes les affaires, et se livrait aux plaisirs de la société, avec un petit nombre d'amis. Il se couchait tous les jours à dix heures ; mais lorsqu'un événement imprévu avait dérangé le cours ordinaire de ses occupations, alors il reprenait sur la nuit le temps qui lui avait manqué dans la journée. Telle fut la vie qu'il mena pendant tout le temps de son ministère.

Henri, dans plusieurs occasions, loua cette grande application au travail. Un jour qu'il allait à l'Arsenal, où demeurait Sully, il demanda en entrant où était ce ministre. On lui répondit qu'il était à écrire dans son cabinet. Se tournant alors vers deux de ses courtisans, il leur dit en riant: *Ne pensiez-vous pas qu'on allait me dire qu'il était à la chasse ou avec les dames ?* Et une autre fois il dit à Roquelaure : *Pour combien voudriez - vous mener cette vie - là ?* Sully tenait aux mœurs simples des anciens Français, et aurait voulu les avoir plus en honneur ; lui-même il s'y conformait, et s'inquiétait fort peu si on raillait. Sa table n'était ordinairement que de dix couverts ; on n'y servait que les mets les plus simples et les moins recherchés. Lorsqu'on lui en faisait quelque reproche, il avait coutume de répondre par ces paroles de Socrate : *Si les conviés sont sages, il y en aura*

4

suffisamment pour eux ; s'ils ne le sont pas , je me passerai sans peine de leur compagnie.

Sa rigidité , comme nous l'avons observé, lui fit beaucoup d'ennemis , et Henri IV prêta quelquefois l'oreille à la calomnie. *Il n'y a rien , dit* Sully lui-même dans ses Mémoires , *dont il soit plus difficile de se défendre, que d'une calomnie travaillée de main de courtisan.* En 1605 il pensa succomber. Plusieurs seigneurs avaient médité sa perte. Libelles , lettres anonymes, avis secrets et artificieux , tout fut mis en usage. Henri IV ne put s'empêcher d'avoir des soupçons ; cependant, remarquant que Sully ne cherchait point à se disculper , et se tenait seulement à l'écart, ce bon prince lui dit plusieurs fois: *M. Sully , avez-vous quelque chose à me dire ?* Et sur les réponses que le ministre fit, qu'il n'avait rien à lui dire : *J'ai à vous parler , moi,* répliqua Henri; et il l'emmena dans le parc de Fontainebleau, où ils s'entretinrent pendant quatre heures et demie de suite. Le roi ouvrit franchement son cœur, rapporta toutes les calom-

nies, et écouta ensuite la justification de
Sully, qui le persuada d'autant plus qu'elle
était celle d'un homme innocent. Henri,
qui avait le meilleur cœur du monde, et
qui ne craignait pas de dire *j'ai tort*, quand
il y avait de la justice à le dire, montra à
Sully combien il était affligé d'avoir douté
de son attachement. Sully, à son tour,
pénétré jusqu'aux larmes du noble repentir de son maître, voulut se jeter à ses
pieds. Henri le retint, par un de ces motifs
qui n'entrent que dans les cœurs délicats :
Ne le faites pas, lui dit-il, *vous êtes
homme de bien ; on nous observe, on
croirait que je vous pardonne.* Peu de
princes offrent un trait équivalent à celui-
ci ; et Sully était digne de l'inspirer.

L'amitié de son roi lui inspira un
nouveau crédit, et le rendit plus rigide encore, même contre Henri IV,
quand il le voyait s'écarter du chemin où
il devait marcher. Nous avons rapporté
comment il déchira la promesse de mariage faite à la marquise de Verneuil. Voici
d'autres traits de sa vertueuse fermeté.
Avant le ministère de Sully, plusieurs gou-

5

verneurs et quelques grands seigneurs
levaient des impôts à leur profit. Quelquefois ils le faisaient de leur propre autorité;
d'autres fois en vertu des édits qu'ils avaient
surpris par intrigue. Le comte de Soissons, prince du sang, tenta d'obtenir du
roi un impôt de 15 sous sur chaque ballot
de toile qui entrait en France, ou en sor-
tait. Suivant lui, cet impôt ne devait
monter qu'à dix mille écus; Sully prouva
qu'il monterait à trois cent mille. Henri IV,
qui avait le défaut d'accorder trop facilement, ouvrit alors les yeux, et commanda
au surintendant d'empêcher sous main
l'enregistrement aux parlemens. Le comte
de Soissons, instruit de ce qui se passait,
eut beau solliciter Sully, et lui promettre
une amitié éternelle, le ministre resta inflexible, et eut de plus un ennemi acharné
à sa perte.

Non-seulement le comte de Soissons,
mais encore la marquise de Verneuil, et
tout ce que le roi avait de parens et d'amis,
sollicitaient sans cesse auprès de lui de
nouveaux impôts. Il envoya un jour à Sully
jusqu'à vingt-cinq édits à ce sujet. Le mi-

nistre, qui aimait le peuple, et qui savait
que l'intention du roi était de le soulager,
n'en approuva aucun, et sortit pour aller
faire là-dessus des remontrances à son
maître. Il rencontra à la porte la marquise
de Verneuil, cause principale de tous ces
édits bursaux. Il était ennemi juré de
toutes les maîtresses : *Voilà de belles
besognes*, lui dit il, *où vous n'êtes pas
des dernières.* — En vérité, lui dit-elle,
le roi serait bien bon, s'il mécontentait
tant de gens de qualité uniquement pour
se prêter à vos idées. Et à qui, ajouta-
t-elle, voudriez-vous que le roi fît du bien,
si ce n'est à ses parens, à ses courtisans
et à ses maîtresses? De pareils raisonnemens révoltèrent le vertueux ministre, qui
ne prenait pas grand'peine pour cacher
ce qui se passait dans son ame. *Vous auriez raison, madame*, répondit-il, *si le
roi prenait cet argent dans sa bourse;
mais y a-t-il apparence qu'il veuille
le prendre dans celles des marchands,
des artisans, des laboureurs et des
pasteurs? Ces gens-là le font vivre; et
nous tous avons assez d'un seul maître,*

6

*et n'avons pas besoin d'entretenir tant
de parens, de courtisans et de mai-
tresses.*

C'est avec une semblable fermeté que
Sully empêcha souvent le roi de faire le
mal, et qu'il contribua à rendre immortel
le règne de ce prince. Le caractère austère de Sully le portait plus naturellement
vers les choses solides, que vers celles d'é-
clat. Il aurait voulu qu'on bannît le luxe
de la France, et qu'on n'y protégeât que
l'agriculture et les manufactures des choses nécessaires. Il s'opposa à l'établissement des manufactures d'étoffes de soie,
et à l'éducation des vers qui la produisent.
Ces travaux sédentaires, disait-il, *éner-
veront les hommes, et ce n'est pas ainsi
qu'on fait de bons soldats ; la France
n'est point faite pour de telles babioles.*
Henri IV ne l'écouta pas sur ce point, et
fit peut-être bien. Malgré les contradic-
tions assez fréquentes qu'il éprouvait de sa
part, le roi prit toujours plaisir à lui marquer sa bienveillance, ou, pour mieux dire,
sa reconnaissance. Satisfait de la conduite
qu'il avait tenue dans une ambassade en

Angleterre , il le fit , à son retour , grand-
maître des ports et hâvres de France ,
gouverneur du Poitou , et érigea la terre
de Sully-sur-Loire en duché -pairie , l'an
1606.

Sully , comblé de bienfaits et encouragé
par la reconnaissance à faire mieux , s'il
lui eût été possible , aurait encore rendu de
grands services à son pays , si la mort de
Henri IV , en frappant la nation d'un
coup terrible , ne lui eût enlevé en même
temps le seul homme qui pouvait faire oublier le besoin que l'on avait d'un si bon
prince. La reine *Marie de Médicis* , la
Galigaï, sa nourrice, et l'époux de cette
dernière appelé *Concini* , aventurier italien , s'emparèrent de toute la puissance ,
et firent autant de mal que Henri et Sully
avaient voulu faire de bien. Le vertueux
ministre fut obligé de se retirer de la cour,
et de se démettre de toutes ses charges :
on lui donna un brevet de cent mille écus ,
à titre de récompense, qu'on lui reprocha et
qu'il rendit. Il s'était réservé la charge de
grand - maître d'artillerie ; et comme on
voulait la lui retirer , on lui donna en

échange le bâton de maréchal de France.
Il avait mérité cette dignité par ses services, et on la lui donna comme un signe
de disgrace; tant la méchanceté est encore obligée de prendre des précautions
pour abaisser la vertu ! La duchesse de
Sully, qui avait si long-temps brillé à la
cour, ne se vit pas sans peine confinée
dans une campagne : elle reprocha à son
mari que sa hauteur et sa fierté étaient
les causes de leur disgrace, et que s'il
avait voulu se prêter aux circonstances,
ceux mêmes qui l'éloignaient auraient fait
leurs efforts pour le retenir. *Que vouliez-
vous*, lui répondit-il, *que je fisse pour
vous de plus à la cour, quand même
j'y serais mort ministre ? Vous étiez
peu de chose, je vous ai fait duchesse;
quand la fortune est à son comble, on
doit cesser de l'implorer.*

Pour se désennuyer dans sa solitude,
le duc de Sully s'appliqua à cultiver les
belles-lettres; ç'avait toujours été son goût
dominant, mais ses occupations importantes l'avaient long-temps empêché de le
satisfaire. Nous avons de lui des vers qui

sentent un peu le guerrier , mais qui ne sont pas mauvais pour le temps où il les fit. Ses quatre secrétaires , qui étaient des gens instruits , et qui avaient été témoins de la plus grande partie de ses actions , écrivirent, sous ses yeux , des *mémoires* qui furent intitulés *Économies royales*. Peut-être lui-même y travailla-t-il ; cependant , malgré les éloges que ces quatre écrivains lui prodiguent , ces mémoires n'en parurent pas moins d'une franchise et d'une vérité que personne n'a révoquées en doute : ces éloges même furent d'accord avec ceux que l'histoire prit plaisir à donner à un grand homme , à qui on pardonne d'autant plus facilement de se louer avec liberté , qu'il n'avait pas fait dans sa vie une action dont il eût à rougir.

Louis XIII l'ayant fait venir long-temps après à la cour , pour le consulter , les petits-maîtres qui gouvernaient le roi voulurent donner des ridicules à ce grand homme, qui parut avec des habits et des manières qui n'étaient plus de mode. Sully s'en appercevant, dit au roi : *Sire, quand votre père me faisait l'honneur de me*

consulter, nous ne parlions d'affaires
qu'après avoir fait passer dans l'anti-
chambre les baladins et les bouffons
de cour.

Ce fut par ce dernier trait d'une franchise sévère , qu'il fit ses adieux à la cour.
Il mourut dans son château de Villebon ,
en 1641 , âgé de 82 ans , déjà presque oublié de ses contemporains , mais laissant
une mémoire qui devait revivre après lui
pour ne plus mourir. Il ne fut point roi ,
mais il fit peut-être à la France plus de
bien encore que Henri IV.

~~~~~~~~~~~~~~~~~~~~~~~~~~

MALHERBE,

POÈTE FRANÇAIS,

Né en 1555, et mort en 1628.

———

Enfin Malherbe vint, et, le premier en France,
Fit sentir dans les vers une juste cadence,
D'un mot mis en sa place enseigna le pouvoir,
Et réduisit la muse aux règles du devoir.
Par ce sage écrivain la langue réparée,
N'offrit plus rien de rude à l'oreille épurée ;
Les stances avec grace apprirent à tomber,
Et le vers sur le vers n'osa plus enjamber.
Tout reconnut ses lois ; et ce guide fidèle
Aux auteurs de ce temps sert encore de modèle.
Marchez donc sur ses pas, aimez sa pureté,
Et de son tour heureux imitez la clarté.

<div align="right">BOILEAU.</div>

C'est plus pour les services qu'il a rendus
à notre langue, que pour ses œuvres mêmes,
qu'il faut placer Malherbe au rang des
hommes illustres dans la littérature. Cependant il a fait tout ce qu'il était possible
de faire de son temps, et les obstacles qu'il

a su vaincre ont plus de droits à nos éloges
que les beautés qu'il a su trouver.

François Malherbe naquit à Caën,
en 1555. Il était d'une ancienne noblesse,
et faisait assez peu de cas de cet avantage.
*C'est une folie de se vanter de sa no-
blesse*, disait-il à *Racan*, son élève ; *plus
elle est ancienne, plus elle est douteuse:
il ne faut qu'une Julie pour pervertir le
sang des Césars.* Son père ayant embrassé
la religion réformée, il partit, à l'âge de
dix-neuf ans, pour la Provence, et s'attacha au grand-prieur Henri d'Angoulême,
fils naturel de Henri II. A trente ans il
épousa la fille d'un président, dont il eut
plusieurs enfans qui moururent avant lui.
Un de ses fils, qu'il aimait beaucoup, et
qui donnait de grandes espérances, fut tué
en duel par *de Piles*, en 1627. Il en fut
si douloureusement affecté, qu'il se rendit
exprès au siége de la Rochelle, pour demander justice au roi : n'ayant pu l'obtenir, il résolut de se battre contre l'assas-
sin. Ses amis lui représentant que la partie n'était pas égale entre un vieillard de
soixante-douze ans et un jeune homme de

vingt-cinq : *C'est pour cela, répondit-il, que je veux me battre ; je ne hasarde qu'un denier contre une pistole.*

Malherbe était vaillant : Racan en rapporte différens traits qui le montrent comme l'un des bons soldats de la ligue. Dans le temps qu'elle était en vigueur, lui et un autre gentilhomme nommé *Laroque*, poussèrent si vivement Sully l'espace de deux ou trois lieues, que celui-ci, devenu ministre, en garda toujours du ressentiment contre Malherbe, et nuisit beaucoup à la fortune que semblait lui promettre l'estime de Henri IV.

Ce fut le cardinal du Perron qui fit connaître Malherbe à la cour. Henri IV lui ayant un jour demandé s'il ne faisait plus de vers, le cardinal lui répondit : « Que depuis que sa majesté lui faisait l'honneur de l'employer dans ses affaires, il avait abandonné cet exercice, et que, d'ailleurs, il ne fallait plus que qui que ce soit s'en mêlât, après un gentilhomme de Normandie, établi en Provence, nommé *Malherbe*, qui avait porté la poésie française à un si haut point, que personne n'en pou-

vait approcher. » Le roi retint le nom
de Malherbe, qui ne vint que trois ou
quatre ans après à Paris : il l'accueillit
très-bien, le fit gentilhomme ordinaire de
la chambre, le chargea de lui composer
des vers pour ses maîtresses, et ne lui
donna cependant qu'une assez mince pension. Le duc de Bellegarde, plus généreux
à son égard, le logea chez lui, l'admit à sa
table, lui entretint un domestique et un
cheval, et lui fit mille livres de pension.

Malherbe avait vu de près toutes les
bassesses des grands, l'hypocrisie des
prêtres, et les crimes de la sainte ligue ;
aussi n'estimait-il guère les hommes, et
leur marquait-il volontiers son mépris
quand l'occasion s'en présentait. Son humeur était si satirique, que la crainte
de perdre un protecteur ou un ami ne l'empêchait jamais de dire un bon mot ou une
vérité dure. Ayant un jour dîné chez l'ar-
chevêque de Rouen, il s'endormit après
le repas. Ce prélat le réveilla pour le mener à un sermon qu'il devait prêcher. *Dis-
pensez-m'en*, répondit-il d'un ton brusque, *je dormirai bien sans cela.* L'abbé

Desportes ayant achevé sa traduction des *Psaumes*, voulut lui en donner un exemplaire, et l'invita à dîner. Comme on se mettait à table, Desportes dit qu'il allait chercher l'exemplaire : *Non, non*, interrompit Malherbe, *dînons auparavant* ; *j'aime mieux votre soupe que vos psaumes.* Il ne se gênait pas davantage avec les princes. Le duc d'Angoulême lui montrant des vers de sa façon, loin de s'amuser à les louer, comme eût fait un courtisan, il dit qu'il fallait les supprimer : *Un prince*, ajouta-t-il, *ne doit pas donner un ouvrage, à moins qu'il ne soit parfait.* Henri IV lui montrait avec satisfaction une lettre du dauphin, depuis Louis XIII. Malherbe, qui ne louait jamais malgré lui, ne s'arrêta qu'à la signature, et demanda *si M. le Dauphin ne s'appelait pas Louis.* Sans doute, répondit Henri IV. *Et pourquoi donc*, reprit Malherbe, *lui fait-on signer Loys ?* C'est depuis ce temps que ce nom fut écrit *Louis.* Sa dure franchise coûta, dit-on, la vie à un jeune homme qui s'était, pour son malheur, cru grand poète. Il était de robe et de condition, et était venu de la Provence pour montrer ses vers à Malherbe : celui-ci les ayant lus, lui demanda *s'il avait l'alternative d'être pendu ou de faire des vers* ; et en même temps il en fit une critique qui donna tant de chagrin au jeune homme détrompé, qu'il en mourut quelque temps après.

Il avait conservé de la ligue un certain esprit républicain qu'il prenait peu de peine à dissimuler. Une princesse de Condé était accouchée de deux enfans morts, dans la prison où était son mari, un conseiller du parlement de Provence regrettait beaucoup la perte que l'état faisait de deux princes du sang : *Eh ! monsieur*, lui dit Malherbe ennuyé de l'entendre, *consolez-vous, vous ne manquerez jamais de maître.* Quelque temps après la mort de l'aventurier italien connu sous le nom de *maréchal d'Ancre*, étant allé un matin rendre sa visite à la duchesse de Bellegarde, on lui dit qu'elle était à la messe. *A la messe !* reprit-il ; *et que diantre peut-elle aemander à Dieu, après qu'il nous a délivré du maréchal d'Ancre ?*

Avec un pareil caractère, Malherbe devait avoir des ennemis, et ses parens
n'étaient pas des derniers. Quelqu'un lui
reprochant qu'il plaidait toujours avec eux :
*Avec qui voulez-vous donc que je
plaide ?* répondit-il ; *avec les Turcs et
les Moscovites, qui ne me disputent
rien ?* Il fit cette épitaphe pour un monsieur
d'*Is*, de ses cousins :

> Ci-gît monsieur d'Is.
> Or plût à Dieu qu'ils fussent dix !
> Mes trois sœurs, mon père et ma mère,
> Le grand Éléazar mon frère,
> Mes trois tantes et monsieur d'Is :
> Vous les nommé-je pas tous dix ?

Si on le jugeait sur cette épigramme,
on en aurait une assez mauvaise idée :
cependant, quoiqu'il n'aimât pas ses parens, il respecta toujours sa mère, qu'il
ne perdit que lorsqu'il avait déjà soixante
ans. Il chérit beaucoup ses enfans, sa
femme, et ne fut mal avec son père qu'à
cause de son changement de religion. Son
épigramme n'est qu'un jeu d'esprit qu'il
faut blâmer, mais sans le prendre à la

lettre. Sur un caractère aussi irritable que
le sien, il fallait peu de chose pour produire une impression défavorable. Son
meilleur ami, *Racan* lui ayant observé
qu'il récitait ses ouvrages de manière à
leur faire perdre beaucoup de leur prix,
il le prit en haîne, et ne voulut pas le voir
de trois ou quatre ans.

On doit mettre l'avarice au rang de ses
plus vilains défauts : on disait de lui qu'il
demandait l'aumône le sonnet à la main.
Racan dit que, lorsqu'il ne logea plus chez
le duc de Bellegarde, il fut toujours en
chambre garnie, et si mal meublé, que
faute de chaises il ne recevait les personnes qui venaient le voir que les unes
après les autres ; il criait à celles qui heur-
taient à la porte : *Attendez, il n'y a plus
de siége.* Ceci est probablement une
exagération pour le tourner en ridicule,
et l'on a peut-être voulu taxer d'avarice
un homme qui n'était que très-peu riche.

La méchanceté des prêtres de son temps
et l'imbécille fanatisme du peuple lui
avaient donné sur la religion une façon
de penser qui peut faire douter de la
siennc :

sienne : il disait que *les honnêtes gens n'en devaient pas avoir d'autre que celle de leur prince*. Lorsque les pauvres lui demandaient l'aumône en l'assurant qu'ils prieraient Dieu pour lui, il leur répondait : *Je ne vous crois pas en grande faveur dans le ciel ; il vaudrait mieux que vous le fussiez à la cour*. Dans sa dernière maladie il refusa de se confesser, par la raison qu'il n'avait coutume de le faire qu'à Pâques. *Yvrande*, un de ses amis, le détermina, en lui disant qu'*après avoir fait profession de vivre comme les autres hommes, il fallait aussi mourir comme eux*. Sur cette observation, il fit venir un confesseur, et ne le ménagea pas plus que les autres hommes. Comme il était extrêmement pointilleux sur la langue française, ce qui le faisait appeler le *tyran des mots et des syllabes*, il reprit, une heure avant de mourir, sa garde, qui s'était servie d'une expression impropre. On ajoute même que son confesseur lui représentant le bonheur de l'autre vie avec des expressions basses et triviales, il lui dit avec son ancienne

3.   M

brusquerie : *Ne m'en parlez plus, votre mauvais style m'en dégoûterait.* Il mourut en 1628, âgé de 73 ans.

Qui croirait qu'un homme qui passa presque toute sa vie à éplucher les fautes de sa langue; qu'un poète qui travaillait si soigneusement, et qui, sur-tout, mettait tant de prix à ses ouvrages, paraissait n'avoir que fort peu d'estime pour la poésie, à laquelle il devait sa gloire? *La poésie*, disait-il, *ne doit pas être un métier, mais un amusement qui ne mérite aucune récompense. Un bon poète n'est pas plus utile à l'État qu'un bon joueur de quilles.*

« Eût-il pensé ainsi, dit judicieusement un auteur de sa vie, si le langage poétique, qui ne servait de son temps qu'à cadencer des riens inutiles, eût, à l'aide d'une raison éloquente, montré sur la scène le danger des passions, étalé, dans des vers harmonieux, des maximes utiles, poursuivi, comme *Voltaire*, dans des ouvrages légers ou sérieux, tous les préjugés funestes au bonheur de l'humanité? Sans doute il eût regardé la poésie comme un art précieux,

comme une des plus grandes puissances
du génie, la plus propre à perfectionner
l'art social, en améliorant le goût et les
mœurs. »

GALILÉE,

CÉLÈBRE ASTRONOME,

Né en 1564, et mort en 1642.

GALILÉE GALILEI, fils naturel de
Vincent Galilei, naquit en 1564. Son
père, qui était habile mathématicien et
musicien, prit soin lui-même de l'instruire,
et le rendit très-savant dans les mathématiques, et fort peu dans la musique. Le
jeune homme se donna tout entier à la
science qui lui plaisait le plus, et obtint
la chaire de philosophie de Padoue, qu'il
remplit avec succès pendant dix-huit ans.
Le duc de Toscane l'appela ensuite à Florence, avec le titre *de son premier philosophe.* Galilée ayant étudié le système de
Copernic, l'embrassa avec enthousiasme,

et le reproduisit avec une nouvelle clarté.
Il en coûte quelquefois très - cher pour
instruire les hommes : un sot moine dénonça le paisible philosophe à la sainte
inquisition de Rome. Une congrégation
fut nommée par le pape, pour examiner
des livres de mathématiques ; et Galilée
reçut des théologiens la défense d'enseigner ni d'écrire que la terre tournait autour du soleil, tandis que celui-ci était
immobile, parce que *Gédéon*, général
des Juifs, avait dit au soleil : *Arrête-toi*.
Du reste, on montra quelque respect pour
un homme qui en méritait autant par ses
lumières que par la pureté et la douceur
de ses mœurs. Galilée garda assez long-
temps le silence; mais enfin, ne pouvant
tenir au desir d'éclairer les hommes, parce
que cela contrariait quelques prêtres ignorans, il donna de nouvelles preuves du
système de Copernic, et des preuves qui
eussent paru évidentes à d'autres gens
qu'à ceux qui prenaient à tâche d'être au
rebours de la raison. Cette nouvelle hardiesse parut un crime; on le cita de nouveau à l'inquisition de Rome, qui le con-

traignit à se rétracter, par un décret du
21 juin 1623, conçu en ces termes : Dire
que le soleil est au centre et absolument
immobile et sans mouvement local, est *une
proposition absurde et fausse en bonne
philosophie, et même hérétique : dire
que la terre n'est pas placée au centre
du monde, ni immobile, mais qu'elle se
meut même d'un mouvement journalier,
est aussi une proposition absurde et
fausse en bonne philosophie ; et, consi-
dérée théologiquement, elle est au moins
erronée dans la foi.* La formule d'abjuration solemnelle que les inquisiteurs ar-
rachèrent à ce grand homme, après l'a-
voir contraint de se soumettre à leur décret,
porte : *Moi, Galilée, âgé de 70 ans,
constitué personnellement en justice,
étant à genoux et ayant devant les yeux
les saints évangiles, que je touche de
mes propres mains, d'un cœur et d'une
foi sincères, j'abjure, je maudis et je
déteste les absurdités, erreurs et héré-
sies, etc.* Au moment qu'il se releva, agité
par les remords d'avoir fait un faux serment,
les yeux baissés vers la terre, il dit en la

3

frappant du pied : *Et cependant elle remue !* Le Saint-Office ajouta à cette humiliante persécution trois ans de prison, et l'ordre de réciter les *sept Psaumes de la pénitence* pendant ces trois ans, une fois par semaine, *comme relaps*. Sept cardinaux signèrent ce décret, véritable honte de l'esprit humain.

Galilée avait beaucoup de génie pour les mécaniques, et fit des découvertes précieuses. Ayant entendu parler des verres que *Jacques Métius* avait inventés en Hollande, par le moyen desquels les objets éloignés paraissaient rapprochés, il réfléchit avec tant d'application sur la nature de ces verres, que, sans en avoir jamais vu, il inventa le télescope. C'est avec cet instrument qu'il découvrit le premier les quatre satellites de Jupiter, des taches au soleil, et qu'il fit dans le ciel des observations qui rendront à jamais sa mémoire immortelle.

Ce grand homme mourut à Florence, en 1642, dans sa soixante-dix-huitième année. Il était aveugle depuis trois ans.

Shakespeare.

Barnewelt

Vincent de Paul.

Rubens

Grotius.

Richelieu.

SHAKESPEARE,

CÉLÈBRE POÈTE TRAGIQUE ANGLAIS,

Né en 1564, et mort en 1616.

GUILLAUME SHAKESPEARE naquit à Stratford, dans le comté de Warwick, en 1564. Son père était bailli de Stratford, mais peu riche et chargé d'une nombreuse famille : Guillaume était l'aîné de dix enfans. Son père qui, pour pouvoir subsister, était obligé de joindre à quelques biens patrimoniaux et au revenu de sa place le commerce des laines, éleva Shakespeare pour être aussi marchand : on l'envoya dans une école publique, où il apprit à lire, à écrire et à compter. On pense qu'il y apprit aussi un peu de latin, mais ce fut si peu qu'il ne put jamais s'en aider pour lire avec fruit les poètes qui ont écrit dans cette langue. Aussi le goût qui vient de l'étude lui manqua, et il n'eut que le génie que l'on tient de la nature.

4

Comme il faut toujours que quelques
contes ridicules ternissent la vie des hommes illustres, on a prétendu que Shakespeare s'était, dans sa jeunesse, associé avec
des voleurs ; on pense seulement que s'é-
tant réuni à quelques autres étourdis de
son âge, il leur aida à tuer quelques bêtes
fauves du bois d'un seigneur, qui, averti
de ce délit, ne manqua pas de lui donner
le nom de brigand; et voilà l'origine d'un
conte absurde.

Shakespeare n'avait que seize ans lorsqu'il épousa la fille d'un riche paysan de sa
contrée. Il eût pu vivre en paix, et n'aurait
peut-être jamais été connu ; mais les plaisirs ayant dissipé son bien, la misère le
força à chercher des ressources, et il devint l'auteur du théâtre anglais. Ce théâtre
alors n'était pas au-dessus du nôtre à la
même époque. On y jouait de mauvaises
farces, qui ne donnaient pas même l'idée
d'une pièce passable. Notre poète marcha
à pas de géant dans cette carrière, mais il
n'atteignit pas encore ce but de perfection
où Corneille et Racine parvinrent chez nous
par quelques-uns de leurs chefs-d'œuvre.

Shakespeare s'était d'abord engagé dans une troupe comme comédien, et ses talens, sous ce rapport, ne le firent pas briller. En débitant les ouvrages des autres, il éprouva en lui cette chaleur qui nous avertit de notre talent, et il devint poète. Ce qu'il donna eut bientôt fait oublier tout ce que l'on avait admiré jusqu'alors. Son nom vola par-tout, la foule accourut au théâtre, et il eut le double avantage de faire sa fortune et celle de ses camarades. La reine *Elisabeth*, qui savait récompenser le talent, et qui n'ignorait pas quel éclat de pareils hommes répandent sur une nation, le combla de bienfaits. Jacques Ier. en fit autant. Le lord *Southampton*, ami de la gloire de son pays, prit plaisir à l'encourager par des présens considérables ; il lui envoya une fois une somme de la valeur de mille louis ; et ce qui en doublait le prix, c'est qu'il y joignit son amitié. Voilà comme les Anglais récompensent quelquefois le mérite ; en France, on laissa presque mourir de faim le sublime Corneille.

Shakespeare méritait son bonheur par ses talens, et y fit applaudir par ses excel-

lentes qualités morales. Il était bienfaisant, et l'était avec noblesse. On en rapporte un trait qui lui fait autant d'honneur que sa meilleure tragédie. Etant allé
voir, après une très-longue absence, une
dame de sa connaissance, il la trouva en
deuil de son mari, ruinée par la perte d'un
grand procès, sans appui, sans ressource,
et chargée de l'entretien de trois filles.
Ému de ce spectacle, il embrasse la mère
et les fillles, et sort sans rien dire. Il re-
paraît bientôt, et les force d'accepter une
somme considérable qu'il venait d'emprun-
ter. Mais trouvant ce secours trop léger
pour tant de besoins, il s'en afflige et s'é-
crie en versant des larmes : *C'est à présent pour la première fois que je voudrais être riche !*

Quoique auteur, il aimait à faire briller
les autres poètes ; et, quoique comédien,
il n'avait pas, comme ses confrères, la
sotte vanité de rebuter les auteurs, et d'affecter avec eux des airs de prince : il
avait trop de bon sens pour tomber dans
cette misérable bassesse. En voici une
preuve qui ajoute à sa gloire. *Benjamin*

Johnson, qui a donné à la comédie anglaise une forme qu'elle n'avait pas avant lui, était fils d'un maçon, pauvre et obligé de manier la truelle aussi ; mais dans ses momens perdus il cultivait les Muses. Ayant terminé une pièce, il l'apporta aux comédiens, qui l'écoutèrent avec dédain, et n'eurent pas assez d'esprit pour s'appercevoir du sien ; ils le refusèrent : ce fut en vain que le malheureux auteur leur faisait assidûment sa cour ; ces messieurs étaient inflexibles. Shakespeare ayant su ce qui se passait, voulut entendre la pièce, et en fut étonné. Par ses soins, le jeune auteur fut joué, applaudi et reconnu pour un homme de mérite. Une ame moins noble eût peut-être, après le succès, éprouvé quelque envie ; notre poète n'eut que de la joie, et donna son amitié au jeune auteur, qui se fit un nom célèbre à côté du sien. Voilà l'ame de Shakespeare. Les principales pièces où il montre tout son génie sont : *Othello, Hamlet, Macbeth, Léar, Jules-César, Henri IV, Richard III*, et *les femmes de Windsor*. Il était, dit Voltaire, plein de force et de fécondité, de naturel et de sublime, mais il n'avait pas une étincelle de bon goût. Ses pièces, ajoute-t il, sont des monstres admirables, dans lesquelles, parmi des irrégularités grossières et des absurdités barbares, on trouve des scènes supérieurement rendues, des morceaux pleins d'ame et de vie, des pensées grandes, des sentimens nobles et des situations touchantes.

Cet illustre poète quitta le théâtre vers l'an 1610, et se retira à Stratford, où il jouit en paix de sa fortune et de l'estime de sa patrie. Plusieurs des principaux seigneurs furent de ses amis, et il eut des liaisons avec les plus grands hommes qui de son temps vivaient en Angleterre. Il mourut en 1616, dans sa cinquante-deuxième année, laissant trois filles et une réputation immortelle. Il fut inhumé dans l'église de Stratford, où on lui éleva un beau tombeau. En 1740, près d'un siècle et demi après sa mort, ses compatriotes, toujours plus sensibles aux beautés de son génie, lui élevèrent un superbe monument dans l'abbaye de Westminster, parmi les tombeaux des rois et des plus grands guerriers. Où est le monument de Corneille ? où est celui de Racine ? O France ! tu as des chefs-d'œuvre , tu sais les apprécier ; mais tu oublies ceux qui te les donnent.

~~~~~~~~~~~~~~~~~~~~~~~~~~

BARNEVELDT,

ILLUSTRE RÉPUBLICAIN HOLLANDAIS ,

Né en 1545 , et mort en 1619.

——————

*J*EAN *D'O*LDEN *B*ARNEVELDT fut l'un des plus ardens soutiens de la liberté en Hollande, sa patrie. Il fut avocat-général des états de ce pays , et acquit l'estime de la république et des puissances étrangères par ses négociations et ses ambassades. Tous ses désirs tendaient au bonheur de ses concitoyens et au maintien de leur liberté, et tous ses talens furent consacrés à un but aussi honorable. *Maurice de Nassau* , après avoir , comme guerrier , rendu des services essentiels à la ré-

publique , songea à se faire payer de ses
services par l'usurpation du pouvoir absolu ;
marche ordinaire d'un grand nombre d'ambitieux qui commencent par se faire bénir ,
et finissent par être détestés. Comme il ne
pouvait encore agir ouvertement , il voulut
entraîner les Hollandais dans les troubles
de la Bohême. Barneveldt , qui devinait
ses projets d'ambition , chercha à occuper
ses concitoyens dans des querelles de religion ; terrible mais nécessaire ressource.
Les *Gomaristes* et les *Arminiens* se déchiraient alors pour la *grace* et la *pré-
destination* ; il s'agissait de décider si
Dieu avait d'avance damné un homme ,
ou s'il lui laissait la liberté de se sauver
par ses œuvres. Barneveldt se rangea du
parti le plus raisonnable , si cependant on
a encore quelque raison quand on dispute
sur de pareils sujets.

Pour terminer ces querelles théologiques,
qui allaient dégénérer en guerre civile ,
on assembla à Dordrect un synode composé des députés de toutes les églises calvinistes. Cette assemblée condamna les
arminiens avec la sévérité ordinaire des

partis religieux qui triomphent. Il s'agissait d'envelopper dans la défaite Barneveldt : on supposa que cet illustre républicain, qui avait travaillé avec tant de zèle à soustraire sa patrie à la puissance du roi d'Espagne, voulait ternir une aussi belle vie, dans sa soixante - douzième année, par une action toute contraire à ce qui avait fait sa gloire, c'est-à-dire, remettre sa patrie sous le joug espagnol. Personne ne crut à cette calomnie ; mais Barneveldt n'en eut pas moins la tête tranchée. La fermeté qui avait distingué toute sa vie ne l'abandonna pas au dernier moment. On lui envoya un ministre pour le préparer à la mort : *Je n'ai pas vieilli jusqu'à ce jour*, dit cet homme illustre au ministre, *sans m'être préparé à quitter la vie ; vous pouvez donc vous épargner cette peine.* Le ministre insistant, Barneveldt lui dit de vouloir bien attendre, et continua une lettre qu'il écrivait à sa femme et à ses enfans. Ils s'entretinrent ensuite sur divers points de religion ; Barneveldt protesta de son innocence, et dit, entre autres choses : *Quand j'avais l'autorité, je gouvernais selon les maximes de ce temps-là, et aujourd'hui je suis con- damné selon les maximes de celui-ci.* Il eut la tête tranchée en 1619.

Ses deux fils tentèrent de le venger, et entrèrent dans une conspiration qui fut découverte. L'un s'enfuit, l'autre fut pris et condamné à mort. Son illustre mère demanda sa grace au prince Maurice, qui lui dit qu'il était étrange qu'elle fît pour son fils ce qu'elle n'avait pas fait pour son époux. *C'est*, répondit-elle avec grandeur d'ame, *que mon mari était innocent, et que mon fils est coupable.* Sa réponse était noble et à propos, mais peu juste : un fils ne peut être coupable pour venger la mort d'un père sur un tyran qu'on ne peut citer devant les tribunaux.

~~~~~~~~~~~~~~~~~~~~~~~~~~~~~~~~~~~

VINCENT DE PAUL,

HÉROS DE L'HUMANITÉ,

Né en 1576, et mort en 1660.

———————

CE ne fut point par les lumières du génie, mais par un zèle ardent pour le bien de l'humanité, que *Vincent de Paul* se distingua, et mérita une place honorable dans la mémoire des hommes. Ce titre en valut bien un autre, et suppose un courage bien au-dessus de celui de ces féroces guerriers, qui n'auraient dû recevoir d'autre nom que celui de *brigands*.

Quand on réfléchit aux services immenses que Vincent de Paul a rendus à la France, on serait tenté de demander s'il fut un prince, s'il ne fut pas même un roi: peu de ceux qui nous ont gouvernés ont fait autant de bien que lui; cependant ils étaient nés avec les plus grands moyens, et Vincent naquit dans la pauvreté et n'eut qu'une chaumière pour berceau. Ses

premières années furent employées à la
garde d'un très-petit troupeau, qui faisait
partie des moyens de subsistance des paysans ses parens. Ce fut à Poy qu'il vit
le jour, en 1576. Ses parens, ayant remarqué son intelligence, firent tous leurs
efforts pour lui donner de l'éducation, et
l'envoyèrent à Toulouse. En 1600 il reçut
l'ordre de la prêtrise, et ne s'occupa plus
dès-lors qu'à ce qui pouvait être utile à la
société.

Un modique héritage l'ayant appelé à
Marseille, le bâtiment sur lequel il s'en
revenait à Narbonne tomba entre les
mains des Turcs. Il fut esclave à Tunis,
sous trois maîtres différens. Il ramena au
christianisme le dernier, qui était un Sa-
voyard renégat. S'étant sauvés tous deux
sur un esquif, ils abordèrent heureusement à Aiguemortes, en 1607. Le légat
d'Avignon, *Pierre Montorio*, instruit
de son mérite, l'emmena à Rome, et le fit
connaître avantageusement à un ministre
de Henri IV. Ce ministre le chargea d'une
affaire importante auprès du roi ; et ce
fut ce qui mit Vincent à même d'exécuter

une partie de ses projets philantropiques.
Louis XIII récompensa dans la suite, le
service qu'il avait rendu, par l'abbaye de
Saint-Léonard de Chaulme. Après avoir été
aumônier de la reine *Marguerite de Valois*, il entra en qualité de précepteur
dans la maison d'*Emmanuel de Gondy*,
général des galères, et y fut traité avec
tant de respect, que sa modestie qui souf-
frait l'en fit sortir. Il y revint bientôt
cependant, et obtint, par la réputation
seule de ses vertus, recommandation peu
ordinaire, la place d'aumônier-général des
galères. Cette place lui convenait beaucoup, parce qu'il y pouvait faire le bien à
chaque instant. Marseille a long-temps
conservé le souvenir de cet homme respectable. On rapporte de lui un trait extraordinaire, et qui ne peut partir que d'un
cœur brûlé de l'amour de ses semblables,
et fortement convaincu que c'est par le bien
que l'on fait qu'on attire sur soi les faveurs
célestes. Un forçat se livrait à tout ce que le
désespoir a d'affreux : Vincent, facilement
ému par ce spectacle, s'approche du malheureux, lui fait entendre la voix de la con-

solation, et après l'avoir invité à la confiance, il en apprend qu'il a laissé dans la plus triste misère une femme et des enfans. *Je suis seul,* se dit le héros de l'humanité ; et aussitôt il s'offre de prendre la place du forçat : mais, ce qu'on a de la peine à croire, c'est que l'échange fut accepté. Cet homme vertueux fut enchaîné dans la chiourme des galériens, et ses pieds restèrent enflés pendant le reste de sa vie, du poids des fers honorables qu'il avait portés.

François de Sales qui, suivant ses expressions, *ne connaissait pas de plus digne prêtre que lui,* le chargea de la supériorité des filles de la Visitation. Quelques années après il accepta, malgré sa répugnance, la maison de Saint-Lazare. Mais ces particularités n'ajoutent rien à l'admiration que nous inspire cet homme étonnant ; ce sont ses vertus et le bien qui en résulta pour sa patrie.

Dans ces temps, les enfans, malheureuses victimes d'un amour imprudent et coupable, étaient exposés, et souvent sans être recueillis. Plusieurs périssaient ; un grand nombre

de ces infortunées petites créatures était
apporté rue St.-Landry, à Paris, et ven-
du à raison de vingt sous pièce, aux femmes
malades qui en avaient besoin pour leur
faire sucer un lait corrompu. Cette barbarie, honte d'une nation, et qui accusait la criminelle insouciance de ceux qui
avaient gouverné jusqu'alors, avait sans
doute déjà saigné plusieurs cœurs sensibles ; mais Vincent, qui n'en restait jamais
à plaindre les malheureux, fut le seul qui
entreprit d'effacer la tache de la nation
et d'assurer aux enfans abandonnés une
existence. Cet homme, qu'on ne sait comment nommer pour exprimer ce qu'il inspire, avait déjà fourni des fonds pour nourrir douze de ces enfans : bientôt son ar-
dente charité trouva le moyen de soulager
tous ceux qu'on rencontrait exposés aux
portes des églises. Mais ce n'était-là qu'un
secours précaire, passager, et Vincent
voulait assurer au malheur un asyle pour
tous les temps. Ses ressources lui ayant
tout-à-coup manqué, il convoqua une assemblée de dames charitables, de mères
sur-tout, bien plus sûr d'atteindre leurs

cœurs. Il fit placer dans l'église un grand nombre d'enfans abandonnés : ce spectacle douloureux parlait de lui-même ; Vincent y joignit peu de mots, mais énergiques, et l'assemblée fondit en larmes. Au même moment, et dans la même église, l'hôpital des Enfans-Trouvés fut fondé : tant la vertu, qui parle à propos et pour le bien, a de puissance sur les ames, même les plus indifférentes ! Voilà comment il faut être prêtre, et mettre en jeu les ressorts de la religion.

Parmi les nombreux établissemens qui durent leur origine à Vincent de Paul, il faut remarquer celui des *Filles de la Charité*, pour le service des pauvres malades ; les hôpitaux de *Bicêtre*, de la *Salpétrière*, de la *Pitié* ; ceux de Marseille pour les forçats, de *Ste.-Reine* pour les pélerins, du *St.-Nom de Jésus* pour les vieillards, lui devaient une partie de ce qu'ils étaient. Il savait exciter le zèle des personnes riches, et sa vertu était si célèbre, qu'on ne craignait pas de lui confier les plus grandes sommes pour le bien des pauvres : jamais rien n'en était détourné, il y ajoutait au contraire du sien, tant qu'il lui était possible. « Il envoya en Lorraine, dit l'abbé *Ladvocat*, dans les temps les plus fâcheux, jusqu'à deux millions en argent et en effets.

Ce qui fait le plus grand plaisir dans la conduite de Vincent, c'est que les bienfaits que la charité déposait en ses mains étaient employés réellement à l'avantage des infortunés. Je ne veux point dire que ses mains étaient fidelles, ce serait offenser sa mémoire; je veux faire remarquer que tout ce qu'il établissait avait un but utile : ce n'était pas en prêtre qui ne songe qu'à fonder des couvens et d'autres agrégations de gens d'une inutilité coupable, qu'il excitait les ames généreuses; c'était en véritable ami des hommes, qui, ne pouvant de lui-même faire tout le bien qu'il desirait, cherchait sans cesse des cœurs comme le sien pour coopérer à ses bonnes œuvres. Sa vie fut un véritable bienfait, et elle fut heureusement longue : ce ne fut qu'à quatre-vingt-cinq ans, en 1660, que mourut cet homme, exemple de toutes les vertus. Les jansénistes lui ont reproché d'avoir eu un génie borné ; mais il s'agit bien de génie quand on a un aussi grand nombre de belles actions à présenter ! Sa piété ne fut sans doute pas très-éclairée, mais elle fut si sincère, qu'il est impossible de la concevoir meilleure. Son seul tort fut d'avoir écarté de la nomination aux bénéfices les disciples de *Jansénius*, pendant les dix années qu'il fut à la tête du *Conseil de Conscience*, sous *Anne d'Autriche* : sa conduite en ce point est contraire à sa charité universelle ; mais ce tort fut en lui plus d'une conscience timorée, que d'un cœur vindicatif.

RUBENS,

PEINTRE CÉLÈBRE,

Né en 1577, et mort en 1640.

PIERRE-PAUL RUBENS naquit à Cologne, en 1577. Son goût le porta à la peinture, à laquelle son père ne l'avait pas destiné. Après avoir déjà fait des progrès dans son art, il partit pour l'Italie, où le duc de Mantoue, informé de son rare mérite, lui donna un logement dans son palais. De Mantoue il fut à Rome, puis à Gênes, et revint en Flandres auprès de sa mère qui était dangereusement malade. Il entreprit à Anvers, pour Marie de Médicis, les tableaux qui décorent la galerie du palais du Luxembourg de Paris.

Rubens ne fut pas seulement peintre; il devint aussi habile négociateur. «Le duc de *Buckingam* lui ayant fait connaître tout le chagrin que lui causait la mésintelligence des couronnes d'Angleterre et d'Espagne, il le chargea de communiquer ses desseins à l'infante Isabelle, pour lors veuve de l'archiduc *Albert*. Rubens réussit dans sa négociation, et la princesse l'envoya au roi d'Espagne, Philippe IV, avec commission de proposer des moyens de paix et de recevoir ses instructions. Philippe, charmé de son mérite, le fit chevalier, et lui donna la charge de son conseiller privé. Rubens revint à Bruxelles rendre compte à l'infante de ce qu'il avait fait. Il passa ensuite en Angleterre avec les commis-

3.   N

sions du roi catholique ; enfin la paix fut
conclue au desir des deux puissances. Le
roi d'Angleterre, Charles Ier., le fit aussi
chevalier, et tira en plein parlement l'épée
qu'il avait au côté pour la lui donner ; il
lui fit encore présent du diamant qu'il
avait à son doigt, et d'un cordon aussi
enrichi de diamans. Rubens retourna de
nouveau en Espagne, où il fut honoré de
la clef d'or, créé gentilhomme de la
chambre du roi, nommé secrétaire du
conseil d'état dans les Pays-Bas. Enfin,
comblé d'honneurs et de biens, il revint
à Anvers, où il épousa *Hélène Forment,*
célèbre par l'éclat de sa beauté. Il partageait son temps entre ses affaires et la peinture. Ce peintre vécut toujours comme une
personne de la première considération ; il
réunissait en lui tous les avantages qui
rendent recommandable. Sa figure et ses
manières étaient nobles, sa conversation
brillante, son logement magnifique et enrichi de ce que l'art offre de plus précieux
en tout genre. Il reçut la visite de plusieurs princes souverains, et les étrangers
venaient le voir comme un homme rare.

Il travaillait avec une telle facilité , que la peinture ne l'occupant pas tout entier , il se faisait lire les ouvrages des plus célèbres auteurs, sur-tout des poètes. *(Vies des peintres.)* Il savait sept langues , et était encore habile architecte.

Le nombre des ouvrages de Rubens est considérable. On conçoit que tous ne doivent pas être bons ; la plupart se ressentent de son extrême facilité , et sont peints d'une manière lâche et incorrecte ; mais les compositions sont toujours hardies et pleines de génie. Les tableaux où il a mis le temps et les soins dont il était capable , sont de vrais chefs - d'œuvre. On distingue, parmi ces derniers, *son Christ entre les deux larrons*. Il a formé plusieurs excellens élèves. Tant de travaux annoncent assez que c'était un homme plein d'activité , et qui laissait perdre peu de temps.

Il mourut à Anvers , en 1640 , laissant de grands biens à ses enfans , dont l'aîné lui succéda dans sa charge de secrétaire d'état en Flandres.

N 2

~~~~~~~~~~~~~~~~~~~~~~~~~~~~~~

GROTIUS,

CÉLÈBRE ÉCRIVAIN HOLLANDAIS,

Né en 1582, et mort en 1645.

---

*H*UGUES *G*ROTIUS naquit à Delft, d'une illustre famille, en 1582. Son enfance fut un prodige : à huit ans il faisait, dit-on, de bons vers latins, et à 15 il soutint des thèses sur la philosophie, les mathématiques et la jurisprudence, avec un applaudissement général. Il ne fut pas cependant un homme aussi extraordinaire qu'il semblait l'annoncer; il fut très-savant, eut beaucoup de bon sens et assez peu de goût.

Il s'attacha très-jeune à l'illustre Barnevelt, et montra comme lui l'amour de la patrie et de la liberté. A 24 ans il fut fait avocat-général, et ensuite syndic à Roterdam, où il vint s'établir. Il prit part aux querelles religieuses qui divisaient alors la Hollande , et ce fut plutôt pour soutenir par ses écrits Barnevelt , que par amour pour ces sortes de disputes ; car c'était peut-être le protestant le plus modéré de son temps. Barnevelt ayant été condamné à perdre la tête , Grotius le fut à passer sa vie en prison , et fut aussitôt enfermé dans le château de Louvestein. Son épouse lui rendit la liberté. Ayant eu la permission de lui faire passer des livres , elle les lui envoya dans un grand coffre. Le prisonnier se mit dedans , et échappa par cette ruse à ses persécuteurs. La France lui offrit un asyle ; Louis XIII lui donna une pension de mille écus et son estime. Malheureusement il était peu courtisan ; il ne sut point flatter *Richelieu* sur ses productions littéraires , et ce ministre , qui voulait absolument être auteur , le vit d'un mauvais œil , et l'obligea par toutes sortes de dégoûts à se retirer. Sa pension fut supprimée.

Grotius regrettait toujours son ingrate patrie ; il fit des tentatives pour y rentrer , mais ses ennemis , toujours puissans , le firent au contraire bannir à perpétuité. Ce

3

fut dans ce nouvel exil qu'il se retira auprès de *Christine*, reine de Suède. Elle
aimait les savans, les accueillait et les employait avec distinction. Peu de temps après
son arrivée, l'illustre Hollandais fut nommé conseiller d'état et ambassadeur en
France. Le cardinal de Richelieu ne fut pas
infiniment satisfait de ce choix : il est certain que c'était pour lui une sorte d'humiliation de voir revenir en France, comblé
d'honneurs, un homme du premier mérite à
qui l'on avait refusé la subsistance, après l'a-
voir accueilli avec bonté. Après un séjour de
onze mois à Paris, où il jouit des hommages
des savans, il revint en Suède. Il passa par
la Hollande, et y fut reçu avec distinction : ses ennemis étaient morts ou sans
force, et tout le monde regrettait d'avoir
banni un homme qui faisait tant d'honneur à son pays. Ce changement de sentimens toucha beaucoup Grotius ; aussi à
peine fut-il arrivé en Suède, que, ne dé-
sirant plus que d'achever ses jours dans sa
patrie, il demanda son congé, et ne l'obtint qu'avec peine. Mais il n'eut point la
satisfaction qu'il souhaitait ; il mourut, en

s'en retournant, à Rostock, en 1645, âgé de 63 ans.

Il était si modéré dans sa religion, que quelques personnes ont inféré qu'il n'était pas plus protestant que catholique; et le ministre *Jurieu* rapporte qu'étant sur le point de mourir, il se contenta de répondre à celui qui voulait lui faire faire une profession de foi : *Je ne vous comprends point.* Il a cependant fait un poëme hollandais intitulé, *De la Vérité de la Religion chrétienne.* On a de lui plusieurs ouvrages pleins des plus grandes connaissances; mais celui qui lui fait le plus d'honneur est son *Traité du droit de la guerre et de la paix*, qui dans le temps a passé pour un chef-d'œuvre en ce genre, et qui est encore très-estimé aujourd'hui.

4

RICHELIEU,

CÉLÈBRE MINISTRE FRANÇAIS,

Né en 1586, et mort en 1642.

ARMAND DUPLESSIS RICHE-LIEU naquit à Paris, en 1586, d'une famille assez illustre. A vingt-deux ans il fut sacré à Rome évêque de Luçon, et parvint à cette dignité par un mensonge ; ce qui annonçait déjà son caractère, mieux connu depuis : il dit au pape qu'il avait vingt-quatre ans, pour obtenir ses bulles, et lui demanda ensuite pardon de ce mensonge. Le pape, étonné de ce trait, dit : *Voilà un jeune homme qui a de l'esprit, mais ce ce sera un jour un grand fourbe.* La prophétie se réalisa.

L'ambition dévorait Richelieu, et il mit tous les moyens en œuvre pour parvenir. Son esprit insinuant, ses manières engageantes le firent voir à la cour, dans les commencemens, sous un autre point de vue que celui qui lui était propre. Il rampait alors , cela lui était nécessaire. Par le moyen de la marquise de *Guercheville*, première dame d'honneur de Marie de Médicis, alors régente du royaume, il gagna les bonnes graces de cette princesse, et devint d'abord grand-aumônier, et ensuite secrétaire d'état. Sa faveur dura peu de temps. L'Italien *Cocini*, qu'on avait fait maréchal d'Ancre, et qui gouvernait la France, fut renversé en un instant et assassiné. Richelieu, qui s'en était fait un ami parce qu'il en avait besoin, tomba avec lui : il suivit à Blois la reine-mère, sa protectrice, qu'on avait exilée. Louis XIII, caractère faible et méchant, après s'être long-temps laissé gouverner par sa mère, la traita avec dureté, et la punit de ce qu'il ne savait pas être un homme. De Luynes s'était emparé de son esprit, qui ne pouvait rien par lui même.

Pendant sa retraite, et sans cesser de guetter une occasion favorable, Richelieu composait ou faisait composer de mauvais livres de dévotion. Le moment qu'il desirait arriva. La reine ayant eu besoin de lui, il

5

se rendit maître de son conseil par son esprit supérieur et sa fine politique. Enfin
il parvint à rapprocher la mère et le fils ;
mais, en même temps, il se vendait secrètement au duc de Luynes, qui était tout
puissant, et en obtenait la promesse d'un
chapeau de cardinal. C'était servir l'état
sans s'oublier.

Après la mort de Luynes, la reine-
mère ayant repris une partie de son ascendant, voulut faire entrer au conseil son
favori Richelieu. Cette femme faible et
ambitieuse, qui voulait tout gouverner,
et qui était toujours gouvernée par quelqu'un de ceux qui l'entouraient, s'était
imaginé qu'elle jouirait de la puissance par
le moyen du cardinal, et pressait le roi
de l'admettre au ministère. C'était assez
mal connaître son monde : à la vérité il
ne s'était montré jusqu'alors que comme
un courtisan flexible, et prêt à tout faire
pour ceux qui l'éleveraient ; mais l'œil
connaisseur ne se serait pas trompé sur
son compte : les autres ministres, qui le
redoutaient, ne se faisaient point illusion
sur sa modération affectée, et l'éloignè-

rent autant qu'ils purent. Quant à Louis
XIII, qui était un prince à petites vues
et à pensées rétrécies, il ne lui reprochait
que ses galanteries, comme si cela l'eût
empêché d'être un bon ministre. Il faut
cependant convenir que Richelieu, sous
ce rapport, en faisait beaucoup trop pour
un cardinal. Ses aventures étaient fort peu
cachées ; il allait même jusqu'à quitter les
habits de son état, et à prendre le plumet
et l'épée pour courir les bonnes fortunes.
C'était un ridicule qui eût perdu tout
autre que lui. On rapporte qu'il faisait
aussi soutenir dans son palais des *thèses
d'amour*, ce qui devait en effet paraître
assez singulier de la part d'un cardinal qui
se piquait d'être grand théologien, et
qui voulait en avoir la réputation. On prétend également qu'il porta l'audace de ses
desirs, vrais ou affectés, jusqu'à la reine
régnante, Anne d'Autriche, et qu'il en
essuya des railleries qu'il ne lui pardonna
jamais. Enfin, le besoin qu'on avait d'un
homme comme lui pour sauver en quelque
sorte l'état, et ses intrigues multipliées, le
firent admettre dans le ministère. Il avait

eu auparavant la prudence d'affecter de
ne point vouloir de cette place, qu'il bri-
guait avec tant d'ardeur. *Ma mauvaise
santé*, disait-il, *me rend incapable d'un
long travail; tout ce que je puis faire,
c'est d'assister au conseil de temps en
temps, sans me mêler d'affaires d'état.*
Le roi le prétendait bien ainsi; mais Richelieu avait d'autres vues, et quelques
années après l'autorité royale fut toute
entre ses mains.

Dès qu'il fut entré au conseil, le gouvernement parut changer de politique;
on conçut de plus grands desseins, et l'on
prit de meilleures mesures. On conclut le
mariage de Henriette de France, sœur
du roi, avec le prince de Galles, depuis
Charles Ier. On fit un nouveau traité avec
la Hollande, qui avait repris les armes
contre les Espagnols; et l'expédition de la
Valteline commença à relever l'honneur
de la France. Les huguenots s'étant encore soulevés, il médita leur ruine, en
même temps qu'il songeait à humilier la
maison d'Autriche. Mais avant que d'agir
au dehors, il se proposa d'étouffer les fac-

tions du dedans , et d'abaisser la trop
grande puissance des seigneurs. Cette puissance était dangereuse , et en l'abattant
Richelieu rendit le plus grand service à la
France ; il le savait , mais en cela il avait
moins consulté le bien public que son propre intérêt. Les grands le haïssaient , et ,
pour qu'ils lui fussent moins dangereux , il
leur ôta le pouvoir de nuire à l'autorité
royale. Mais tout ceci ne s'exécuta que
progressivement ; il en fit seulement dans
l'abord arrêter et juger quelques-uns ; et ,
ce fut , dit Millot , le commencement des
rigueurs qui ont rendu ce règne comparable à celui de de Louis XI.

Se voyant généralement détesté , et
craignant le caractère faible du roi , il
fit semblant de vouloir céder le pouvoir
qu'il accroissait chaque jour. Il était alors
nécessaire ; et Louis XIII , qui le haïssait
comme tout le monde, lui fit des instances
pour le retenir. C'était ce que demandait
et ce qu'avait prévu cet habile politique ;
il augmenta même sa puissance par la
suppression des charges d'amiral et de
connétable ; et sous le titre de surinten-

dant de la navigation, il se rendit maître
de la marine. Elle était entièrement ruinée ; il sentait la nécessité de la rétablir,
et en fit l'objet de ses soins.

Comme il était important de renverser
le parti huguenot, on résolut de commencer par s'emparer de la Rochelle,
place extrêmement forte, qui offrait en
quelque sorte un autre état dans l'état
même. Elle avait alors presque autant de
vaisseaux que le roi, et voulait imiter la
Hollande en secouant le joug. Le siége
de cette ville seule dura un an. Les Ro-
chellois semblaient invincibles. Ils avaient
élu pour maire un homme supérieur à
tout danger. *Guiton*, c'est le nom de cet
intrépide magistrat, en acceptant cette
charge malgré lui, prit un poignard,
et, le montrant aux citoyens : *Je serai
maire, puisque vous le voulez,* leur
dit-il, *mais à condition d'enfoncer ce
poignard dans le sein du premier qui
parlera de se rendre ; et qu'on s'en
serve contre moi si je propose de capituler ! Je demande qu'on le laisse
toujours sur la table du conseil, pour*

cet effet. De son côté, le cardinal, qui faisait les fonctions de général, n'oublia rien de ce qui pouvait réduire la ville ; il l'avait investie par terre, et, pour empêcher l'approche par mer, il entreprit de faire construire une digue prodigieuse : le projet seul de cette entreprise fit rire tous les courtisans ; mais Richelieu était au-dessus des plus grands obstacles, la digue fut construite, et l'on admira la hardiesse de ses idées. Le génie en lui suppléa à l'expérience : il étonnait les soldats par sa valeur, et les capitaines par son habileté. La discipline fut conservée sévèrement, et l'abondance régna dans le camp. C'était par la famine qu'on voulait prendre la Rochelle ; Guiton soutint tant qu'il lui fut possible : *Pourvu qu'il en reste un pour fermer les portes*, répondait-il aux représentations qu'on lui faisait, *c'est assez.* Son espoir portait sur l'arrivée d'une flotte anglaise ; mais cette flotte n'ayant pu forcer la digue, il fallut enfin se rendre, parce qu'il ne restait plus qu'une mort certaine à attendre en prolongeant la résistance. Richelieu, fier de sa victoire, disait qu'il

avait pris la Rochelle malgré le roi d'Espagne, le roi d'Angleterre et le roi de
France : c'est que, d'une part, la flotte es-
pagnole qui devait secourir les assiégeans,
s'était retirée sans rien faire ; et de l'autre,
les ennemis du ministre travaillaient sourdement auprès du monarque à faire avor-
ter une entreprise si glorieuse. Quoique
les calvinistes fussent vaincus, la liberté
de conscience ne reçut aucune atteinte ;
chacun put suivre sa religion sans troubler l'état ; et ce ne fut pas le moindre
fruit de la politique du cardinal.

Ces entreprises, glorieusement exécutées, ne faisaient qu'irriter la jalousie et
la haîne de ses ennemis. En arrivant à la
cour, il fut mal reçu de la reine-mère,
qui était alors gouvernée par le cardinal
de Bérulle. Quand il parut, cette princesse lui demanda froidement des nouvelles de sa santé. *Je me porte mieux,*
répondit-il en présence de Bérulle, *que
ceux qui sont ici ne voudraient.* Cependant le roi, moins par affection que
par besoin, lui donna la patente de premier ministre, le nomma lieutenant-géné-

ral de l'armée d'Italie, avec des pouvoirs si vastes, qu'il ne s'était réservé, disaient les plaisans de la cour, que *celui de guérir les écrouelles* (1). Dès-lors le faste de Richelieu effaça la dignité du trône; il avait des gardes, tout l'appareil de la royauté l'environnait, et toute l'autorité résidait en lui.

Tandis qu'il faisait la guerre en Italie pour le duc de Mantoue, et travaillait par ses négociations à miner la maison d'Autriche, Marie de Médicis redoubla ses efforts pour le perdre. Louis XIII était dangereusement malade à Lyon, et allait céder aux larmes et aux importunités de sa mère; mais, de retour à Paris, la présence seule du ministre le fit changer d'avis; il le revit comme un ami regretté, et lui dit : *Continuez à me servir comme vous avez fait, et je vous maintiendrai*

––––––––––

(1) Pour entendre ce passage, il faut savoir que le peuple, toujours sot et superstitieux, s'imaginait que le simple attouchement des rois guérissait les écrouelles. Les rois le laissaient dans sa crédulité.

contre toutes les intrigues de vos en-
nemis. Quelques momens auparavant, le
cardinal, qui s'était cru perdu, s'était jeté
plusieurs fois aux pieds de la vieille reine,
sans avoir pu la fléchir. La scène changea
aussitôt : l'heureux ministre, devenu plus
fort par la faiblesse de son maître, se montra à son tour inflexible envers ses ennemis. Le garde des sceaux *Marillac*, et
le maréchal son frère, perdirent la vie, l'un
en prison, et l'autre sur un échafaud ; la
reine-mère, son ancienne bienfaitrice, fut
en quelque sorte détenue prisonnière à
Compiègne, d'où elle s'enfuit à Bruxelles :
le duc d'Orléans, frère du roi, se retira
en Lorraine, sous prétexte de fuir sa
tyrannie ; le maréchal Bassompierre fut
enfermé pour douze ans à la Bastille ; et le
cardinal, qui imaginait mille prétextes
pour servir sa haîne et assurer son autorité, se vit plus fort, plus craint et plus
honoré que jamais : la France était à ses
pieds. On érigea en duché-pairie sa terre
de Richelieu, et il paraissait mériter de
nouveau cette distinction : il venait de terminer la guerre d'Italie par des traités

avantageux. Le duc de Mantoue était rétabli , et le duc de Savoie avait cédé Pignerol. Le grand projet d'abaisser la maison d'Autriche commençait à s'exécuter. Il avait armé contre l'empereur le plus redoutable des princes luthériens , le fameux *Gustave Adolphe* , roi de Suède , dont les victoires ébranlèrent l'empire. La France fournissait douze cent mille livres seulement; la valeur de Gustave faisait le reste.

Cependant Gaston d'Orléans , retiré en Lorraine , voulut remuer; le duc de Montmorenci eut l'imprudence de prendre ouvertemeut son parti et de lever une petite armée ; mais Gaston , qui était plus faible encore que son frère , l'abandonna bientôt , et le duc tomba en la puissance du cardinal, qui lui fit trancher la tête. Quoique toutes les cabales semblassent écrasées , la haîne constante travaillait en dessous main à le perdre. La duchesse de *Chevreuse* , femme abandonnée à tous les vices , s'avisa de feindre de l'inclination pour le galant cardinal. Il donna d'abord dans le piége. La reine *Anne* aidait la duchesse à rabaisser par le ridicule celui que l'on ne

pouvait perdre par la force. On formait,
dans le même temps, différentes intrigues
dans l'attente de sa mort, que de fréquentes maladies faisaient espérer : plusieurs
personnes considérables entrèrent dans
cette confidence. Richelieu ayant découvert ce qui se tramait, ne put supporter
sur-tout l'idée d'avoir été joué : le garde
des sceaux fut mis en prison sans forme
de procès, parce qu'on ne pouvait pas lui
en faire ; plusieurs autres, qu'on accusa
de conserver des intelligences avec la mère
et le frère du roi, furent condamnés à
perdre la vie. On ne poursuivait pas seulement les sujets qu'on pouvait accuser
d'être dans les intérêts de Gaston ; le duc
de Lorraine, *Charles IV*, en fut aussi la
victime : on le dépouilla de tous ses états,
parce qu'il avait consenti au mariage de
ce prince avec *Marguerite de Lorraine*.
Le cardinal fit déclarer nul ce mariage par
un arrêt du parlement. Cependant les
liaisons que Gaston entretenait avec l'Espagne, faisant desirer son retour en France,
Richelieu gagna *Puilaurens*, favori du
prince, et celui-ci décida le duc d'Or-

léans à revenir à la cour de son frère.

Une nouvelle conjuration se forma contre le ministre ; le comte de Soissons et le duc de Bouillon y entrèrent : ils ne pouvaient choisir des circonstances plus heureuses. Le mauvais succès de la guerre d'Allemagne, qu'il avait entreprise, l'exposait au ressentiment du roi, qui avait donné à Gaston la lieutenance générale de son armée. Paris et la cour étaient dans le trouble et l'épouvante. Richelieu, découragé pour la première fois, voulait sérieusement quitter le ministère. Un capucin courtisan, qui lui servait beaucoup dans ses entreprises, l'empêcha de faire cette folie ; il lui persuada de se montrer sans gardes dans les principales rues de Paris, soit pour calmer le peuple par un air de confiance, soit pour l'effrayer en faisant voir qu'il ne craignait rien. L'événement justifia ce conseil : le cardinal flatta le peuple, et n'en reçut que des bénédictions. *Eh bien*, lui dit le capucin à son tour, *ne vous avais-je pas bien dit que vous n'étiez qu'une poule mouillée, et qu'avec un peu de courage et de fermeté*

vous rétabliriez vos affaires ? Ce capucin hardi était le fameux *père Joseph*,
dont le cardinal disait : *Je ne connais aucun ministre ni plénipotentiaire en Europe, capable de faire la barbe à ce
capucin, quoiqu'il y ait belle prise.*

Richelieu n'ayant point quitté le ministère, ses ennemis songèrent à s'en défaire
par un assassinat. Le duc d'Orléans, à la
tête des conjurés, devait donner le signal,
et Richelieu eût été poignardé chez le roi
même, à la sortie du conseil ; mais Gaston, qui ne savait faire ni le mal ni le bien
avec fermeté, s'épouvanta de son crime,
et ne donna point le signal : ainsi Richelieu fut encore sauvé par sa bonne fortune.

Sa haîne ne se faisait point sentir qu'au
sein de la France ; l'Angleterre en éprouva
aussi les effets. Charles Ier. avait eu l'imprudence d'affecter du mépris pour lui :
c'était précisément l'attaquer par l'endroit
le plus sensible, et Richelieu jura de s'en
venger. *Avant qu'il soit un an*, écrivait-
il, *le roi d'Angleterre verra qu'il ne
faut pas me mépriser.* Il excita en effet de
loin les troubles, et Charles en fut la victime.

Tandis qu'il se vengeait en Angleterre, il déjouait les complots de ses ennemis en France : le jésuite *Caussin*, confesseur du roi, Mad. *la Fayette*, maîtresse du moment, et la reine elle-même, échouèrent contre l'heureux génie du cardinal. La conjuration de *Cinq-mars* faillit devenir plus sérieuse. Ce favori, devenu grand-écuyer, prétendit entrer dans le conseil, et trouva Richelieu contraire à ses desseins ; il résolut alors de le perdre : il y fut encouragé par le roi lui-même, qui, tout en sentant sa propre incapacité, ne pouvait cependant souffrir les talens des autres. Gaston, le duc de Bouillon, la reine et plusieurs seigneurs entrèrent dans la conjuration. Il y eut un traité secret avec l'Espagne, qui devait introduire des troupes en France ; et ce fut ce qui sauva le cardinal : une copie de ce traité tomba entre ses mains, et il en donna aussitôt avis au roi. Celui-ci, qui voulait bien perdre son ministre, mais non par une voie semblable, abandonna Cinq-mars, que le cardinal traîna à sa suite depuis Tarascon, où il était malade, jusqu'à Paris. Le favori fut aussitôt jugé, et condamné à perdre la tête.

Cependant le cardinal, qui ne songeait qu'à assurer son autorité, et qui même prenait des mesures pour avoir la régence du royaume après la mort de Louis XIII, était attaqué de la maladie qui l'emporta. On le transporta de Lyon à Paris, dans une chambre ornée, où il pouvait tenir deux hommes à côté de son lit : cette chambre était portée par ses gardes. A l'approche de la mort, il montra beaucoup de fermeté, et voulut que ses médecins lui déclarassent la vérité de sa situation. Toujours fourbe, il s'écria en recevant les derniers sacremens : *O mon juge ! condamnez-moi, si j'ai eu d'autre intention que de servir le roi et l'état.* C'était finir comme il avait commencé. Il mourut en 1642, dans sa cinquante-huitième année. En apprenant sa mort, Louis XIII dit froidement : *Voilà un grand politique de mort.* Il se réjouit, en quelque sorte, comme un écolier qui croit devenir libre en perdant son maître. Mais Richelieu lui laissait *Mazarin*, qui n'aurait pas manqué de

le

le remettre sous la tutelle, si la mort n'eût, un an après, tranché les jours de ce roi. Louis XIII, vétilleux, tracassier, comme tous les petits esprits qui ne savent ni faire ni laisser faire, apportait presque toujours des obstacles aux meilleurs projets de Richelieu; aussi celui-ci disait-il que le *cabinet de ce prince et son petit coucher lui donnaient plus d'embarras que l'Europe entière.*

Tandis que Richelieu agitait les nations voisines, et changeait la face de la France, il s'occupait encore d'objets inférieurs : il fondait l'*Académie française*, donnait dans son palais des pièces de théâtre, fondait l'imprimerie royale, rebâtissait la Sorbonne, établissait le *Jardin des Plantes*, élevait le Palais-Royal, et faisait de mauvais vers. On ne croirait guère qu'un homme qui remuait toute l'Europe et qui gouvernait la France en maître, brûlât d'ajouter à tant de gloire la réputation d'auteur. Il s'amusait à imaginer de mauvais canevas de pièces, et les faisait remplir par cinq auteurs qu'il avait à ses gages. Ces cinq auteurs étaient, *Boisrobert,*

3.

O

P. Corneille, *Colletet*, *de l'Estoile* et *Rotrou*. La réunion de ces hommes si inégaux en mérite prouve que le cardinal payait facilement, mais jugeait fort mal. Il donna à Colletet six cents livres pour six misérables vers qu'il admirait beaucoup. Sa petite vanité d'auteur lui en donnait la jalousie : il persécuta Corneille pour avoir fait le *Cid* ; il voulut absolument qu'on trouvât cette pièce mauvaise, la fit critiquer, et eut beaucoup de chagrin de voir le public penser autrement que lui. La France gagna cependant beaucoup à ce goût ridicule du cardinal : les gens de lettres furent pensionnés, l'émulation fut vive, et le beau siècle de Louis XIV se prépara. De tous les livres que Richelieu fit avec ses *aides*, son *Testament politique* fut le seul qui a survécu ; encore est-il peu estimé aujourd'hui, et Voltaire a presque démontré qu'il n'était pas de lui. Il est si mal écrit, qu'il faut un grand fonds de courage pour en achever la lecture.

Tel fut Richelieu ; et, pour le bien juger, il faut séparer le ministre de l'homme. L'homme fut ambitieux, dur, hautain,

Gassendi.

Le Poussin.

Descartes.

Van-Dick.

Mazarin.

P. Corneille.

défiant, cruel, plein de petits vices et
même de ridicules ; mais le ministre fut
grand, noble, hardi, ferme, et d'un coup
d'œil qui embrassait tout en un instant.
Louis XIII ne fut rien que par lui ; et la
France lui doit une grande partie de la
gloire dont elle a joui par la suite.

GASSENDI,

PHILOSOPHE FRANÇAIS,

Né en 1592, et mort en 1655.

P*IERRE* G*ASSENDI* naquit en 1592,
d'une famille peu riche, mais qui ne né-
gligea rien pour un enfant qui donnait
les plus grandes espérances. Son goût pour
l'astronomie se déclara dès ses plus jeunes
années : à six et huit ans il se privait du
sommeil pour jouir du spectacle d'un ciel
étoilé. Un soir, étant avec des enfans de
son âge, il s'éleva entre eux une dispute
sur le mouvement de la lune et celui des
nuages. Ses amis voulaient que la lune

cût un mouvement sensible , et que les
nuages fussent immobiles. Le jeune Gassendi les détrompa par le secours des yeux.
Il les mena sous un arbre , et leur fit observer que la lune paraissait toujours entre
les mêmes feuilles , tandis que les nuages
se dérobaient à leur vue. Ses études étant
finies à seize ans , il obtint au concours une
chaire de rhétorique à Digne. En 1614 il
fut nommé théologal de la même ville ;
et deux ans après on l'appela à Aix , pour
y remplir les chaires de théologie et de
philosophie dans cette ville. Il revint à
Digne au bout de huit ans , et ne s'occupa
plus que de ses études favorites ; il écrivit
contre la philosophie *d'Aristote*, étudia l'a-
natomie , et essaya de prouver que l'homme
ne doit manger que des fruits. Ce para-
doxe le fit connaître. Il obtint la chaire
des mathématiques au Collége royal de
Paris.

    Descartes alors annonçait une nou-
velle philosophie , et se faisait beaucoup
de partisans. Gassendi l'attaqua sur ses
opinions , renouvela le système des atômes
d'Épicure, et eut la gloire de partager

presque tous les philosophes de son temps en *cartésiens* et en *gassendistes*. Cette différence de sentimens brouilla les deux illustres faiseurs de systêmes ; mais par les soins de leurs amis ils furent rapprochés, et vécurent, comme cela doit être entre philosophes, en très-bonne intelligence, se contredisant quelquefois, mais s'estimant mutuellement, et prenant plaisir à le dire.

Gassendi eut des ennemis dans quelques fanatiques qui voulurent douter de sa religion, et même de sa croyance en Dieu ; il y en eut un, nommé *Morin*, qui porta même le délire jusqu'à prophétiser la mort du philosophe pour la fin d'août 1650. Gassendi les laissa crier, prophétiser, et ne s'en porta pas plus mal. Il ne mourut que cinq ans après, dans la soixante-quatrième année de son âge. Une trop grande application au travail avait ruiné sa santé : tous les jours il se levait à deux ou trois heures du matin, et travaillait assidûment jusqu'à onze. Près d'expirer, il mit la main de son secrétaire sur son cœur, et lui dit : *Voilà ce que c'est que la vie*

3

de l'homme. Deslandes lui fait dire dans ses derniers momens : *Je ne sais qui m'a mis au monde ; j'ignore quelle est ma destinée, et pourquoi l'on m'en tire ;* mais on conteste la vérité de ce fait. La peine qu'il avait prise de renouveler le système physique d'Epicure, faisait croire à ses ennemis qu'il en avait aussi adopté les opinions morales et religieuses. Ce qu'on peut dire de mieux pour le justifier, c'est que sa mémoire fut toujours chère aux honnêtes gens qui le connurent.

~~~~~~~~~~~~~~~~~~~~~~~~~~~~~~~

LE POUSSIN,

GRAND PEINTRE ET VRAI PHILOSOPHE,

Né en 1594, et mort en 1665.

————

*N*ICOLAS LE POUSSIN naquit à Andely, en Normandie, d'une famille noble très-pauvre. Son goût pour la peinture se déclara de bonne heure ; mais, sans aucun moyen de fortune, il fut obligé de suivre des maîtres, même médiocres : il dut presque en partie à lui-même ce qu'il devint par la suite. Ce fut à Paris qu'il fit ses premières études. Il fallait que la passion de son art le soutînt contre tous les obstacles, car il était réduit à ne se procurer qu'avec beaucoup de peine sa subsistance. Enfin ses grands talens commencèrent à être connus, et il put retirer quelques fruits de son travail : mais le gain n'avait jamais été le but du Poussin, c'était la gloire. Comme il sentait combien il lui restait encore de connaissances à acquérir, il partit à l'âge de trente ans en Italie, pour étudier les chefs-d'œuvre des maîtres ; ceux de *Raphaël* et du *Dominicain*, sur-tout, parce qu'il y trouvait réunies, mieux que par-tout ailleurs, l'invention, la correction du dessin, et l'expression des passions.

Il se fût encore trouvé fort embarrassé à Rome, s'il n'y eût rencontré le cavalier *Marin*, auteur du poëme d'*Adonis*. Ce poète reconnut tout son mérite, et s'empressa d'en parler au cardinal *Barberin*. Malheureusement Marin étant mort quelque temps après, le Poussin se trouva de nou-

4

veau sans ressource. Mais un homme qui
ne pensait qu'à la gloire, et qui voulait y
parvenir, savait maîtriser la fortune elle-
même. Le Poussin connaissait le malheur
d'ancienne date ; il vécut retiré, se contenta du très - peu qu'il avait, et continua
d'étudier les maîtres de l'art et les figures
antiques. Tous ses momens étaient donnés à l'étude. Ses promenades tournaient
encore au profit de ses connaissances ; il admirait la nature, et remplissait son esprit de
ces sites nobles et magnifiques qui compo-
sent les fonds de ses tableaux. La lecture
achevait son éducation : aussi le Poussin se
montre-t-il en même temps, dans ses compositions, grand peintre, homme sensible,
instruit, et philosophe. Qui n'a pas entendu parler de son charmant tableau de
l'*Arcadie?* Figurez-vous un site noble et
agréable à la fois ; le bonheur y règne ;
le printemps invite aux jeux folâtres ; les
bergers et les bergères forment des danses
joyeuses, et foulent à leurs pieds les fleurs
qui viennent de naître, et qui demain ne
seront plus. Voilà la joie, voilà la brillante
saison de l'année, voilà la jeunesse qui

s'empresse de jouir du présent. Un peu à l'écart, sous l'ombre triste des cyprès, est un tombeau simple et orné de gazon, avec cette inscription que l'on y a gravée : *Et moi aussi j'étais berger de l'Arcadie !* Voila la morale du peintre, et elle laisse dans le cœur une douce mélancolie qui conduit aux plus grandes réflexions. Le chef-d'œuvre du Poussin est le *Déluge,* petit tableau où se trouve le plus grand talent, et toujours cette intelligence philosophique qui laisse quelque chose à l'ame dans le charme qu'éprouvent les yeux effrayés par la destruction prochaine du genre humain.

La réputation du Poussin s'étant déjà étendue, M. *Desnoyers,* surintendant des bâtimens de Louis XIII, desira que la France possédât le plus grand peintre qu'elle avait produit ; il l'appela donc à Paris, lui fit assigner une pension, et lui donna au Louvre un logement tout meublé. Le roi lui montra tout le plaisir qu'il avait à le posséder ; il le nomma son premier peintre, envoya un jour de Fontainebleau ses carrosses au-devant de lui, et fut jus-

5

qu'à la porte de sa chambre pour le recevoir : bref, le Poussin allait entreprendre
de décorer la grande galerie du Louvre ;
mais jamais on n'a rendu quelque honneur
au vrai talent, sans que l'envie ne se soit
aussitôt élevée. Un certain *Vouet*, qui alors
était en réputation à Paris, s'empressa
d'attirer des chagrins au Poussin ; celui-ci,
qui prévit tous les désagrémens qui l'atten-
daient, fit naître le besoin qu'il avait de
retourner à Rome momentanément, obtint un congé, partit, et ne revint plus.

Sa vie domestique pourrait servir de
modèle au philosophe. La plus grande simplicité régnait autour de lui ; heureux avec
son épouse et ses enfans, il n'avait jamais
formé des vœux au-delà d'une paisible aisance. Un jour le prélat *Mancini*, depuis
cardinal, l'étant allé voir, et la conversation
ayant duré jusqu'à la nuit, le Poussin, la
lampe à la main, l'éclaira le long de l'es-
calier, et le conduisit jusqu'à son carrosse ;
ce qui fit tant de peine au prélat, qu'il ne
put s'empêcher de dire : *Je vous plains
beaucoup, M. Poussin, de n'avoir pas
seulement un domestique. Et moi, mon-*

seigneur, répondit le Poussin en souriant, *je vous plains beaucoup plus d'en avoir un si grand nombre.*

Ce grand peintre mourut à 71 ans, en 1665 : depuis quelque temps il était à moitié paralytique. A sa mort, ses biens ne passaient pas soixante mille francs. Sa délicatesse était telle, que lorsqu'il avait fait un tableau, il en marquait le prix par derrière, et renvoyait le surplus de l'argent quand on donnait davantage.

Au moment où j'écris, les artistes français, connaissant tout l'honneur qu'un pareil peintre fait à notre nation, se sont réunis pour lui élever un monument à Andely, lieu de sa naissance.

6

DESCARTES,

CÉLÈBRE PHILOSOPHE FRANÇAIS,

Né en 1596, et mort en 1650.

RENÉ DESCARTES naquit à la Haie en Touraine, d'une famille noble, l'an 1596. Il fit ses études à la Flêche, et embrassa ensuite l'état militaire. Il se trouva au siège de la Rochelle, et servit en Hollande sous le prince *Maurice.* L'état militaire lui convenait assez peu : la faiblesse de sa santé et ses inclinations l'appelaient ailleurs. Il vint donc à Paris, et se livra à l'étude des mathématiques, de la philosophie et de la morale. Comme ses parens ne voyaient pas dans cette occupation ce qu'on appelle un *état*, ils le pressèrent d'en choisir un ; il le promit, y pensa beaucoup, et n'en prit aucun : l'indépendance lui parut le premier des biens ; et, quoiqu'il n'eût qu'une petite fortune, il ne crut pas devoir vendre sa vie pour devenir plus riche et tenir un rang comme tant d'autres. Son esprit méditatif l'entraînait puissamment à cette douce incurie de toute affaire du monde ; il ne lui résista pas. Il avait eu quelques passions dans sa première jeunesse, celle du jeu sur-tout ; l'étude les absorba toutes, et Descartes fut philosophe sous tous les rapports.

Ce ne fut point en compilant et en faisant des recherches, comme tous les savans de son temps, qu'il parvint au but qu'il se proposait. Doué d'une imagination brillante et d'un esprit propre à suivre les plus profonds raisonnemens, il voulut trouver en lui-même, et non dans les livres, les principes de la philosophie qu'il cherchait. Celle des péripatéticiens, que l'on suivait alors, ne le satisfaisait point, mais elle faisait vivre un grand nombre de personnes, et il eût été dangereux de l'attaquer, sur-tout en France, où la liberté des opinions n'était rien moins que permise. Descartes, qui aimait sa tranquillité plus que toute chose, quitta sa patrie pour aller philosopher en paix ailleurs ; il se mit à voyager : il parcourut l'Italie, s'arrêta un peu à Rome, repassa par la France, et fut se fixer en Hollande, où l'on pouvait à-peu-près tout penser et tout écrire. Il y resta environ vingt ans, s'y fit des partisans et des ennemis. Parmi ces derniers, on distingue un certain *Voëtius*, brouillon orgueilleux, entêté des chimères scolastiques, et qui ne voulait point que l'on fît un pas de plus dans la carrière des sciences. Devenu recteur de l'université d'Utrecht, ce pédant y défendit tous les principes cartésiens qui y étaient déjà adoptés; et, non content de cette petite persécution, il s'avisa d'écrire qu'un philosophe qui avait si bien établi les preuves de l'existence de Dieu, était un athée dangereux. Cette accusation fut celle qui chagrina le plus Descartes. Résolu de quitter la Hollande, il se fût établi en Angleterre, si la philosophie n'y eût aussi trouvé de grands obstacles; il ne fit donc que visiter ce pays, et revint à Paris, où Louis XIII et le cardinal de Richelieu essayèrent de le fixer. On lui donna même le brevet d'une pension de mille écus, qu'il ne toucha point; ce qui lui faisait dire que *jamais parchemin ne lui avait coûté si* *cher.*

Christine, reine de Suède, qui cultivait les sciences et mettait une partie de sa gloire à attirer les savans à sa cour, desirait beaucoup posséder Descartes, dont la réputation brillante remplissait déjà toute l'Europe. L'ambassadeur de France en Suède, M. *Chanut*, fut chargé de cette négociation, dans laquelle il trouva des obstacles. Descartes ne se laissait point éblouir par les honneurs, et ne connaissait rien au-dessus de sa liberté. *Je la mets à si haut prix*, disait il, *que tous les rois du monde ne pourraient l'acheter.* Les avances de Christine le flattaient cependant, mais il craignait le changement de climat pour sa santé délicate. *Un homme né dans les jardins de la Touraine*, écrivit-il à M. Chanut, *et retiré dans une terre où il y a moins de miel à la vérité, mais plus de lait que dans la terre promise aux Israélites, ne peut pas aisément se résoudre à la quitter pour aller vivre au pays des ours, entre des rochers et des*

glaces. Il céda enfin, et se rendit à Stockolm, après avoir mis ordre à ses affaires,
comme s'il eût été question de faire le
voyage de l'autre monde. La reine lui fit un
accueil qui excita la jalousie de quelques
seigneurs suédois qui se moquaient des
sciences, et de plusieurs grammairiens qui
étaient à la cour, et qui pressentaient l'af-
faiblissement de leur faveur. Le philosophe plut en effet tellement à la reine,
que, non-contente de se faire instruire de
sa philosophie, elle l'admit même à son
conseil secret, et disposait tout pour le
retenir en Suède, en lui donnant une terre
seigneuriale d'un honnête revenu dans la
partie la plus méridionale de ses états,
lorsque la mort prévint ses bienfaits en
enlevant Descartes. La rigueur du climat
et le changement de régime amenèrent
sa maladie et sa mort en 1650, dans sa
54ᵉ année. La reine lui avait fait promettre de l'entretenir tous les jours à cinq
heures du matin, dans sa bibliothèque ;
c'était un grand dérangement pour un
homme qui, depuis l'enfance, à cause de
la faiblesse de sa santé, ne se levait qu'à

dix ou onze heures. Ces longues matinées de repos n'étaient cependant point perdues ; c'était le moment où , dans le calme des sens et de l'esprit , il méditait les ouvrages qui ont rendu sa mémoire immortelle. La reine de Suède voulait lui élever un tombeau magnifique, parmi ceux des rois ; mais l'ambassadeur de France l'en dissuada , et le fit enterrer avec simplicité dans le cimetière des catholiques.

En 1666 , M. *Dalibert* , trésorier de France, fit transporter son corps à Paris , où il fut inhumé en grande pompe dans l'église de Sainte-Geneviève-du-Mont.

Descartes était de petite taille , et avait la tête fort grosse en proportion de ses membres. La sobriété soutenait sa faible santé ; il buvait peu de vin, passait quelquefois des mois entiers sans en boire, et se nourrissait volontiers de légumes. Ses deux grands remèdes étaient la diète et la modération de ses exercices : il y ajoutait le calme des passions , qui font autant de mal que les excès. Le soin de sa santé l'occupait, sans cependant le rendre esclave. *Si je ne puis trouver le moyen de conserver ma vie*, écrivait-il, *j'en ai trouvé un autre bien plus sûr ; c'est celui de ne pas craindre la mort.* Ses après-dinées, quand il vivait dans sa solitude de Hollande, étaient partagées entre la conversation de ses amis et la culture de son jardin : après avoir le matin assigné à une planète sa place, il allait le soir cultiver une fleur. Son caractère était fort doux, et s'éloignait sur-tout de la vengeance : *Quand on me fait une offense*, disait-il, *je tâche d'élever mon ame si haut, que l'offense ne parvienne jamais jusqu'à elle.* Rien n'était agréable à voir comme l'intérieur de sa maison ; c'était une véritable école de vertu : ses domestiques, en petit nombre, étaient tous gens de bien, parce qu'il les choisissait avec soin, et les traitait comme ses enfans. Il ne dédaignait pas d'instruire ceux en qui il trouvait des dispositions ; et, après en avoir fait des savans, il se chargeait de leur fortune. Plusieurs se sont distingués dans le monde.

Sa fortune, qui allait à six ou sept mille livres de revenu, suffisait pleinement à ses besoins, à ses expériences et au bien qu'il faisait. Jamais il ne voulut recevoir de bienfaits de personne. *C'est au public*, disait-il, *à payer ce que je fais pour le public.* Il se faisait riche en diminuant sa dépense. A ces excellentes qualités il joignit l'amour de la solitude, et fut, comme l'on voit, encore plus philosophe en pratique qu'en théorie ; ce qui est tout le contraire chez beaucoup d'autres.

VAN-DICK,

PEINTRE FLAMAND,

Né en 1599, et mort en 1641.

ANTOINE VAN-DICK naquit à Anvers, en 1599. Sa mère lui inspira le goût de la peinture, et ce fut sous le célèbre Rubens qu'il se perfectionna dans cet art. C'était le meilleur écolier de ce maître : on en rapporte un trait qui donne une idée des progrès qu'il avait faits. Un soir, que Rubens était sorti pour aller prendre

l'air, Van-Dick et ses camarades entrèrent secrètement dans le cabinet de leur
maître, pour y observer sa manière d'é-
baucher et de finir. Comme ils s'appro-
chaient de plus près pour mieux examiner, un d'entr'eux, poussé par un autre,
tomba sur ce tableau. Il effaça les bras de
la *Madeleine*, la joue et le menton de
la Vierge, que Rubens venait de finir.
Grandes craintes sur cet accident! Encore
si l'on pouvait le réparer? Tous les élèves
supplient Van-Dick d'essayer. Van-Dick
prend la palette, le pinceau, et le dégât
disparaît en un instant. On redoutait cependant encore l'œil du maître. Rubens
entre le lendemain, tout le monde trem-
ble, mais la crainte se dissipe bientôt; le
maître s'applaudit de son ouvrage de la
veille, et trouve que ce qu'il a fait de
mieux, sont précisément les bras de la
Madeleine et la tête de la Vierge. Van-
Dick, par la suite, peignit effectivement
mieux que Rubens, mais il n'eut jamais
son génie. Son grand talent parut dans le
portrait, et ce talent l'enrichit.

Il éprouva aussi les préventions,

comme tant d'autres. Comme il était encore jeune, il fut chargé par le chapitre de Courtrai de peindre le tableau du grand autel. Il l'exécuta à Anvers, et partit lui-même pour le placer. A son arrivée, les chanoines accoururent pour voir le tableau ; le peintre les pria d'attendre qu'il fût en place, pour qu'il fût possible d'en juger. On ne se rendit point, le tableau fut déroulé, et Van-Dick ne fut pas peu surpris de voir le chapitre entier regarder lui et son ouvrage avec mépris. Van-Dick, malgré ce dédain, plaça son tableau, et le lendemain il alla de porte en porte prier ces messieurs de revenir. On ne daigna pas seulement l'écouter. Cependant, quelques connaisseurs ayant vu son ouvrage, en parlèrent avec admiration. Bientôt on vint en foule pour le voir. Les chanoines ne pouvant refuser une espèce de réparation, convoquèrent un chapitre extraordinaire, dans lequel il fut arrêté que, son premier tableau étant fort beau, on le prierait d'en faire deux autres, pour différens autels. Van-Dick, qui était piqué, leur répondit avec une énergique impolitesse, qu'*il avait resolu de peindre désormais pour des hommes, et non pour des ânes.*

Sa réputation étant déjà étendue, il songea à en jouir en voyageant : il séjourna quelque temps en France, et fut en Angleterre, où Charles Ier. le fixa par ses bienfaits. Il travailla beaucoup, devint riche, épousa la fille d'un lord, et mena un train peut-être trop magnifique pour un peintre. Il est certain que ses derniers ouvrages, qu'il fut obligé de multiplier et de faire rapidement, se ressentirent de sa dépense, et sont beaucoup moins estimés que les premiers, qu'il travailla plus à loisir. Ce travail forcé, et presque continuel, lui causa des incommodités qui l'enlevèrent aux arts dans sa quarante-deuxième année, en 1641.

~~~~~~~~~~~~~~~~~~~~~~~~~~~~~~~~~~~~

MAZARIN,

MINISTRE D'ÉTAT EN FRANCE,

Né en 1602, et mort en 1661.

———

L'ITALIE, sans nous combattre, nous a fait plus de mal qu'aucune autre nation voisine. C'est de chez elle que nous est venue cette foule de maltôtiers qui, en nous volant notre argent, nous enseignèrent ces ressources de finances ruineuses, aussi contraires à la bonne politique qu'à la probité, qui doit se trouver dans le gouvernement comme dans les particuliers. Sans parler des deux *Médicis*, que la France n'oubliera jamais, quelques-uns des nombreux aventuriers qu'elle nous envoya parvinrent aux premiers emplois, et même à la puissance souveraine. *Jules Mazarin* fut de ce nombre. Cet homme qui, à la honte de notre nation, a joué un si grand rôle chez nous, naquit à Piscina, en 1602. Il s'attacha d'abord au cardinal *Sachetti* , le suivit en Lombardie , et y étudia les intérêts des princes qui étaient alors en guerre pour Cazal et le Mont - Ferrat. Le cardinal *Antoine Barberin* , neveu du pape , s'étant rendu en qualité de légat dans le Milanez et en Piémont, pour travailler à la paix , Mazarin , qui avait beaucoup d'adresse , et sur-tout de cette *finesse italienne* qu'on peut bien appeler *fourberie* en bon français , Mazarin lui fut très-utile : il fit divers voyages pour cet objet ; et comme les Espagnols tenaient Cazal assiégé , il sortit de leurs retranchemens, et courant à toute bride du côté des Français , qui étaient prêts à forcer les lignes , il leur cria : *La paix ! la paix !* Elle fut conclue et acceptée à Querasque, en 1631.

Cette négociation fut le premier degré de la singulière fortune où il parvint dans la suite. Richelieu qui , en habile politique, rassemblait autour de lui tous les gens en qui il découvrait des ressources qui pouvaient lui devenir utiles , ne manqua pas d'accueillir le cauteleux italien ; il le présenta à Louis XIII , et lui fit obtenir le
chapeau

chapeau de cardinal. En mourant, il eut
même soin de le recommander au roi, qui
le fit effectivement entrer au conseil, et
le nomma l'un de ses exécuteurs testamen-
taires. Mazarin n'en fut pas pour cela plus
reconnaissant, ni plus fidèle. Louis XIII,
qui avait des raisons pour n'aimer ni sa
femme ni son frère, fit une déclaration
par laquelle, en donnant la régence à sa
femme, et à son frère le titre de lieutenant-
général du roi mineur, il établit un conseil de régence pour restreindre leur autorité. A peine eut-il fermé les yeux, qu'on
se moqua de sa volonté et de son testament. Le parlement fut forcé de déclarer
la reine régente absolue ; et Mazarin, qui
avait beaucoup aidé à tout ceci, devint
premier ministre. Ainsi la France se trouva
entre les mains d'un étranger.

Le faste de Richelieu avait fait murmu-
rer ; l'adroit Italien affecta au contraire la
plus grande simplicité. Loin de prendre
des gardes, il eut d'abord le train le plus
modeste. Il mit de l'affabilité, et même de
la mollesse, où son prédécesseur avait fait
paraître une fierté inflexible. Cette con-

3.   P

duite, qui n'était de sa part qu'hypocrisie, puisqu'il la démentit par la suite,
n'empêcha pas le peuple de le détester,
et les grands de chercher à le perdre. Les
impôts faisaient crier tout le monde : ce
fut de là que partirent le duc *de Beau-
fort*, le coadjuteur de Paris, depuis cardinal *de Retz*, le prince *de Conti* et la
duchesse *de Longueville*, ses principaux
ennemis. Avant d'en venir à l'attaque ouverte, on essaya de jeter sur le ministre
le ridicule ; arme, en France, plus terrible
que toute autre. Rien n'était plus facile :
le cardinal y donnait complètement matière ; sa galanterie, sa coquetterie et son
jargon italien furent les sujets de tous les
vaudevilles dont le peuple s'amusa. Mazarin, qui n'avait pas, comme Richelieu, la
faiblesse de s'irriter de ces niaiseries qui,
presque toujours, tiennent lieu de vengeance au peuple, *laissa chanter* tout le
monde, et n'en alla pas moins son train.
Une des plaisanteries à son sujet, qui eut
le plus de succès, fut l'*arrêt d'oignon*. Il
s'agissait dans ce temps d'un arrêt d'union
entre le parlement, la chambre des comp-

tes, la cour-des-aides et le grand-conseil ;
cet arrêt inquiétait le ministre : il manda
les députés du parlement, et dit que la
reine ne voulait point de l'*arrêt d'ounion*
ou *d'oignon*. Cette prononciation vicieuse
du ministre italien ne fut point perdue
pour les mauvais plaisans, et la France
n'en a jamais manqué.

Ce qui arriva bientôt après fut un peu
plus sérieux. Si Richelieu avait mis un
cardinal à la tête des armées, et fait voir
un capucin à la cour, Mazarin ne manqua
pas de produire et d'élever des Italiens.
Il avait placé à la tête des finances, avec
le titre de surintendant, le fils d'un paysan de Sienne, qui était venu avec lui en
France : cet intrigant, qu'on nommait
Émeri, était le principal agent du ministre, et l'inventeur de tous ses moyens d'a-
voir de l'argent. Il créa des charges de
contrôleurs de fagots, de jurés-vendeurs
de foin, de conseillers-crieurs de vin, etc.
il vendit des lettres de noblesse, créa de nouveaux magistrats, rançonna les autres (1).

---

(1) Il disait ordinairement, *que la bonne-*

Ces nouvelles et ridicules impositions
avaient indigné tous les Français ; mais ,
tant qu'on se contenta *de chanter* ,
le ministre se tint tranquille. Ce fut au
refus que fit le parlement d'enregistrer
quelques nouveaux édits bursaux , que
l'orage éclata. Le cardinal croyant devoir
faire un coup d'éclat, fit arrêter publiquement le président *Blancménil* et le conseiller *Brousset* , qui s'étaient montrés
avec le plus de courage contre l'enregistrement. Cet événement mit la capitale en
combustion. Le coadjuteur attisa le feu de
la révolte ; et , en moins de deux heures,
il y eut dans la ville plus de douze cents
barricades , derrière lesquelles les bourgeois en sûreté tiraient sur les troupes. Il
fallut rendre les deux magistrats. Cette con-
descendance ne fit qu'enhardir les *fron-*

---

*foi n'était que pour les marchands , et que les
maîtres des requêtes, qui voulaient qu'on y eût
égard dans les affaires du roi , devaient être
punis comme des prévaricateurs.* La morale de
l'agent donne assez mauvaise opinion de celle du
cardinal qui l'employait.

deurs ; c'était ainsi que l'on appelait ceux qui s'étaient révoltés. La reine fut obligée de s'enfuir à Saint - Germain avec le jeune roi, et le ministre qui lui valait ce désagrément. Le parlement venait de le proscrire comme perturbateur du repos public. Les Espagnols furent appelés au secours des révoltés , comme du temps de la ligue. La cour alors , justement alarmée, se hâta de terminer cette guerre civile, où les révoltés n'avaient aucun but , et où la reine s'entêtait sottement à garder un ministre qui déplaisait à toute la nation. Le résultat fut que le parlement conserva son ancienne liberté, et la cour son Italien.

Le prince de Condé, qui avait été l'auteur de ce rapprochement, fut le premier à troubler la paix. Il crut qu'on ne lui savait pas assez de gré de ses services , et prit à tâche d'humilier le ministre , qu'il détestait comme tout le monde; il fut même jusqu'à le nommer, dans une lettre, *illustrissimo signor Fachino.* Le cardinal, qui brûlait du desir de se venger, eut l'imprudence d'engager la reine à faire arrêter le prince de Condé , avec *Conti*

3

son frère , et le duc de Longueville. Le
peuple, cette fois - ci , se tint en paix ;
mais le parlement bannit Mazarin, et ré-
clama la liberté des princes avec tant de
chaleur, que leur prison fut ouverte , et
qu'on les fit entrer en triomphe dans Paris ,
tandis que le cardinal humilié prenait la
fuite pour Cologne. La reine continua cependant d'avoir confiance en lui, et se
conduisit toujours par ses conseils. Ainsi,
quoiqu'en exil , il gouverna la France
comme auparavant. Le prince de Condé
ayant donné le signal de la guerre civile,
le cardinal crut le moment propice, et rentra dans le royaume, moins en ministre
qui venait reprendre son poste, qu'en souverain qui se remettait en possession de
ses états. Il était escorté par une petite
armée de sept mille hommes , levée à ses
dépens , c'est - à - dire avec l'argent du
royaume qu'il s'était approprié. Aux premières nouvelles de son retour, *Gaston
d'Orléans*, qui remua toute sa vie, sans savoir jamais trop pourquoi, leva des troupes
dans Paris ; et le parlement qui, d'une part,
déclarait Condé criminel de lèse-majesté ,

de l'autre proscrivit de nouveau Mazarin, et mit sa tête à prix. Condé s'étant ligué avec les Espagnols, entra en campagne contre le roi, que *Turenne*, qui avait quitté l'Espagne, défendit en commandant l'armée royale. Pour obtenir la paix intérieure, Louis XIV, qui avait déjà atteint l'âge de majorité, fut obligé de renvoyer le ministre, source première de toutes ces divisions, et, pour surcroît de honte, de le renvoyer en vantant ses services, et de le plaindre de son exil. Mazarin ne méritait point ces ménagemens, et si Louis XIV eût continué de s'avilir ainsi, il n'eût guères été au-dessus de son père. Le calme fut le résultat du bannissement de l'Italien. Mais le jeune roi, qui voulait donner un démenti à toute la nation, et même à son propre cœur qui détestait le rusé ministre, le fit bientôt revenir auprès de lui. Son entrée à Paris fut plus magnifique que celle même du roi. Celui-ci fut au-devant de lui jusqu'à deux lieues, et l'accueillit avec les plus grandes démonstrations de joie. Les ambassadeurs, le parlement même, s'empressèrent de le

4

féliciter. Il faut rendre justice au peuple ,
que la curiosité avait attiré ; il garda le
plus profond silence : c'était tout ce qu'il
pouvait faire ; et s'il y eut quelques acclamations par-ci par-là , ce fut , dit le con-
tinuateur de Mézerai , de la part d'une
douzaine de crocheteurs ; encore fallut-il
que le roi les achetât, en jetant quelques
louis d'or par une fenêtre. On fit un festin
au cardinal, à l'hôtel de ville ; on lui donna
son logement au Louvre , et son pouvoir ,
graces à ses souplesses italiennes , fut plus
grand que jamais. Son luxe , son faste et
ses rapines n'eurent plus alors de bornes.
Une garde nombreuse l'entourait, et outre
ses anciens gardes il eut une compagnie
de mousquetaires. L'accès auprès de lui ne
fut plus libre. Si quelqu'un était assez
mauvais raisonneur pour demander une
grace au roi même, il était sûr de ne pas
l'obtenir. La reine Anne d'Autriche fut
alors payée de son obstination à protéger
cet aventurier : comme il n'avait plus besoin d'elle, il ne lui laissa plus aucun crédit. Elle avait bien mérité cette mortifi-
cation. Étranger , et par conséquent sans

amour pour la France, il ne songea, dans les huit années de sa puissance absolue, qu'à amasser de l'argent et à fortifier sa puissance : la justice, le commerce, la marine et les finances furent dans une langueur d'autant plus déplorable, que le calme dont on jouissait leur eût été très-favorable sous un ministre éclairé et patriote. Les lettres, que Richelieu avait si noblement protégées, continuèrent de briller, mais Mazarin ne s'en occupa nullement ; et, dans le fait, quels charmes pouvaient avoir les lettres françaises pour un intrigant qui savait à peine jargonner la langue du peuple qu'il gouvernait ? Nous ne lui devons d'autre établissement que l'*Opéra*, qu'il monta sur le pied des Italiens, c'est-à-dire d'une manière assez ridicule.

Malhonnête homme en tout ce que lui dictait sa politique, il chercha à étouffer les dispositions brillantes du jeune roi, afin de le mieux retenir sous sa tutelle. Ce misérable, car l'indignation arrache ce mot, ne s'était fait déclarer *surintendant de l'éducation* du prince, que pour em-

5

pêcher qu'on l'instruisît ; il l'élevait aussi
mal qu'il lui était possible , lui dérobait
l'expérience des affaires , et l'empêchait de
paraître et comme roi et comme guerrier ;
il fut même jusqu'à le laisser manquer du
nécessaire ; et lui , le détestable Italien ,
avait , à force de crimes , amassé deux
cents millions , qu'il tenait soigneusement
enfermés dans ses coffres ; car l'avidité et
l'avarice étaient deux de ses plus violentes
passions. Bas même dans ses moyens de
s'enrichir , il partageait avec les corsaires
les profits de leurs courses ; il traitait en
son nom et à son profit des munitions des
armées , et imposait , par des lettres de
cachet , des sommes extraordinaires sur les
généralités. Il n'y avait rien de noble dans
ses idées ; tout en se faisant craindre , il
était ridicule même aux yeux de la canaille.
C'était le résultat de sa conduite : comme
il ne savait point élever les autres à leurs
propres yeux , il paraissait lui-même sans
éclat aux yeux des autres. Il semblait
même prendre plaisir à avilir ceux que les
convenances seules auraient dû lui faire
traiter avec une sorte de respect extérieur.

Il tenait le conseil dans sa chambre, pendant qu'on le rasait, qu'on l'habillait, ou qu'il badinait avec un oiseau ou une guenon. Apparemment qu'il regardait les conseillers comme ses valets : leur bassesse lui en donnait probablement le droit.

Enfin la France eut le bonheur de le perdre, et il était peut-être temps ; car Louis XIV, qui avait déjà vingt-deux ans, commençait à s'ennuyer de lui. Il venait de rendre le plus grand service que la nation en pouvait attendre, c'est-à-dire, le mariage du roi avec l'infante d'Espagne, ce qui unissait les deux peuples, et préparait, pour l'avenir, le trône d'Espagne à un prince français. Ce service donna de l'éclat à la fin du cardinal, et couvrit un peu ce que toute sa conduite avait d'odieux pour le reste. L'ambition avait tué Richelieu, elle tua également Mazarin à 59 ans, en 1661. L'approche de la mort ne trouva en lui rien moins qu'un philosophe : *Il faut donc quitter tout cela !* répétait-il en soupirant, à la vue de sa grandeur et de son immense fortune. Son chagrin ne lui fit point perdre sa présence d'esprit; jamais

6

il ne fut plus lui-même qu'en ce moment :
le fourbe, craignant de perdre son crédit,
eut soin de faire dire à plusieurs personnes
*qu'il s'était ressouvenu d'elle dans son
testament*, quoiqu'il n'en fût rien. Ce
trait seul peint l'homme tout entier. Il
voulut aussi faire croire qu'il n'était pas si
malade ; il se fit même une fois parer et
colorer les joues de rouge, et donna audience en cet équipage. L'ambassadeur
d'Espagne, reconnaissant la ruse, dit :
*Voilà un portait qui ressemble assez
à M. le cardinal.* Son confesseur, qui
n'était pas très-courtisan, ou qui ne se
souciait plus de le flatter, lui dit nette-
ment que, quand on avait acquis injuste-
ment tant de fortune, *on était damné.*
Hélas ! répondit l'hypocrite personnage,
je n'ai rien que des bienfaits du roi.
Mais, reprit le confesseur, *il faut bien
distinguer ce que le roi vous a donné
d'avec ce que vous vous êtes attribué.*
Cette distinction parut embarrassante au
ministre mourant : on veut faire honneur
de ce scrupule à sa conscience, mais sa
conduite prouve qu'il n'en eut pas plus à

l'article de la mort, que dans le cours de sa
vie. La seule crainte qu'il avait, fut que
l'on ne recherchât en effet ce qu'il *s'était
attribué*, et que l'on n'en frustrât ses héritiers. Dans cet embarras, Colbert vint à son
secours : il lui conseilla de faire une do-
nation entière de ses biens au roi. Il le fit,
mais bien persuadé que le roi les lui ren-
drait ; ce qui arriva en effet. Ainsi mourut
ce ministre, qui, toute sa vie, s'était joué
des hommes, et pensa peut-être se jouer
de Dieu à sa mort. Quoiqu'il ne fût ni prêtre, ni même diacre, il eut la dignité de
cardinal, et posséda l'évêché de Metz,
les abbayes de Clugny, de Saint-Arnould,
de Saint-Clément, de Saint-Denis, etc.
Sa famille fut, suivant la coutume, très-
bien établie à nos dépens, et la plus grande
partie des immenses richesses qu'il laissa
servit à rendre malheureuse une de ses
nièces, qui épousa le marquis de la Meil-
leraie, avec qui elle ne put jamais vivre.
Louis XIV avait beaucoup aimé une autre
nièce du cardinal, et avait même témoigné
ouvertement le desir de l'épouser. Mazarin s'en réjouissait intérieurement, et s'en

plaignit pour la forme à Anne d'Autriche. Celle-ci, qui devina ce qui se passait dans l'ame du ministre, lui dit aussitôt avec une fierté qui le déconcerta : *Je suis fille et femme de roi, et si mon fils faisait la folie d'épouser votre nièce, vous me verriez aussitôt avec mon autre fils, contre lui et contre vous.* Cette fermeté lui fit faire des réflexions ; il vit qu'il n'y avait rien d'avantageux pour lui à tenter ce mariage, et, au contraire, beaucoup à risquer et à perdre. Il fit donc partir sa nièce, et maria le roi avec l'infante d'Espagne.

Nous terminerons cet article en disant que c'est au cardinal Mazarin que les prêtres doivent la petite *calotte* luisante dont ils se font une parure. Le cardinal était galant, et galant ridicule, qui pis est ; comme il était chauve, il s'avisa d'imaginer la petite *calotte* pour cacher son défaut aux yeux des dames, qui se moquaient de lui. Les prêtres, qui sont courtisans comme les autres hommes, imitèrent le ministre ; et depuis ce temps un grand nombre d'entre eux se crut bonnement obligé de porter cet ornement très-mondain.

~~~~~~~~~~~~~~~~~~~~~~~~~~~~~~~~

CROMWEL,

CÉLÈBRE USURPATEUR,

Né en 1603, et mort en 1658.

O_{LIVIER} C_{ROMWEL}, né en 1603, fut d'abord destiné à l'état ecclésiastique, et se décida pour les armes. Ce fut dans la guerre du parlement contre Charles Ier. qu'il commença à se distinguer. Il se jeta hardiment dans la ville de Hull, assiégée par le roi, et la défendit avec tant de valeur, qu'il eut une gratification de six mille livres. Bientôt après il obtint le grade de colonel, et ensuite celui de lieutenant-général, sous les ordres du comte de *Manchester*, généralissime des armées du parlement, et sous ceux de *Fairfax*. Il tailla en pièces l'armée royale, battit le duc d'Hamilton, et tua de sa main le colonel

de *Legda*, dans une sortie au siége d'Oxford.

Ses intrigues, et son hypocrisie sur-tout,
l'avaient autant fait parvenir que son courage et ses talens militaires. Il savait mettre en jeu jusqu'aux plus petites choses
pour arriver à ses fins. Il publia un livre
intitulé *la Samarie anglaise*, dans lequel
il appliquait au roi, et à toute sa cour, ce
que l'Ancien Testament dit du règne d'A-
chab ; et, pour mieux allumer le feu de la
rebellion, il composa contre lui - même,
et contre le parlement, un second livre
qu'il intitula le *Puritain Protée*. Il eut
grand soin de faire répandre dans le public
que c'était l'ouvrage des partisans du roi.
Ces moyens, dignes d'un misérable brouillon et d'un homme qui méprise toute morale, lui réussirent parfaitement ; ils ex-
citèrent une violente fermentation, et hâtèrent la perte des royalistes.

Dès qu'Oxford fut pris, Cromwel fit
prononcer au parlement la déposition du
roi. Devenu généralissime après la démission de Fairfax, il défit le duc de *Buc-
kingham*, battit et fit prisonnier le comte

de *Hollande*, et entra dans Londres en triomphateur. Comme c'était un habile hypocrite, il fut loué par tous les prêtres ; ils l'annoncèrent dans toutes les églises de l'Angleterre comme *l'ange tutélaire de la patrie, l'ange exterminateur de leurs ennemis, et celui qui allait accomplir l'œuvre du Seigneur.* Cette *œuvre du Seigneur* désignait la mort de Charles Ier., qui eut effectivement la tête tranchée en 1649. Un mois après cette exécution, Cromwel abolit la monarchie, et donna à l'Angleterre le titre de république, afin d'être roi lui-même avec moins de risque, et en ne paraissant pas aller contre les principes qu'il avait annoncés jusque-là. Il forma un conseil d'état composé de ses amis et de ses partisans, auxquels il donna le titre de *protecteurs* et de *défenseurs des lois.* Il passa ensuite en Irlande et en Ecosse, pour assurer son usurpation par de nouveaux succès. Le parlement, qui jusqu'alors l'avait élevé et soutenu, tenta pendant son absence de lui ôter le titre de généralissime : Cromwel, à cette nouvelle, accourut à Londres, se rendit au parle-

ment, en chassa tous les députés, et fit
mettre sur la porte de la salle : *Maison à
louer.* Après cet indigne traitement envers
ceux qui l'avaient fait tout ce qu'il était,
il créa un nouveau parlement, par lequel
il se fit donner le titre de *protecteur*, qui
lui plaisait beaucoup. *Les Anglais*, disait-
il, *savent quelles sont les prérogatives
d'un roi, et ils ignorent jusqu'où vont
celles d'un protecteur.* Ce nouveau parlement, peu satisfait de sa conduite, voulut aussi lui ôter le titre qu'il lui avait
donné; mais Cromwel leur apprit bientôt
quelle était sa puissance, et quelle était la
leur : il entra dans la salle des communes,
et jetant sur la table les papiers qui conte-
naient son titre, il dit : *J'ai appris, messieurs, que vous avez résolu de m'ôter
les lettres de protecteur : les voilà; je
serais bien curieux de savoir quel est
celui d'entre vous qui sera assez hardi
pour les prendre.* Quelques membres
osèrent cependant lui reprocher son ingratitude : *Le Seigneur*, dit-il alors en prenant le ton de fanatique, qu'il possédait
parfaitement; *le Seigneur n'a plus be-*

soin de vous ; il a choisi d'autres ins-
trumens pour accomplir son ouvrage.
Ensuite il fit sortir tous les membres, fer-
ma la porte lui-même , et emporta la
clef. Tout le monde sentit alors qu'il fallait
obéir et se taire.

Ce despote , qui humiliait ainsi l'Angleterre en lui laissant le nom dérisoire de
république , la fit cependent respecter des
autres nations plus que n'avait fait aucun roi jusqu'alors : il força les Hollandais
à lui demander la paix, et il en dicta lui-
même les conditions , qui furent qu'on lui
paierait 3oo mille livres sterling , et que
les vaisseaux des Provinces-Unies baisse-
raient pavillon devant les vaisseaux anglais. L'Espagne perdit la *Jamaïque* et
Dunkerque ; la France rechercha son alliance , et le Portugal reçut les conditions
d'un traité onéreux. *Je veux ,* disait-il
avec fierté, *qu'on respecte la république*
anglaise autant qu'on a respecté la
république romaine. Il eût en effet ef-
fectué une partie de ses grands desseins,
si la mort n'en eût interrompu le cours.
L'ordre régnait autour de lui , comme la

gloire au loin : ses troupes étaient toujours payées un mois d'avance, les magasins fournis de tout, et le trésor public garni de 300 mille livres sterling. Cet ordre et ces projets annoncent les qualités d'un excellent politique, et le génie d'un homme supérieur.

Quoique parvenu à son but, craint des Anglais et respecté des étrangers, il n'en fut pas plus heureux : sa position avait même quelque chose de déplorable ; il savait qu'il était détesté, et que ses jours n'étaient pas en sûreté ; la crainte qu'il inspirait retombait sur lui-même ; ses gendres, ses propres filles, étaient du nombre de ses ennemis ; il n'osait paraître que couvert d'une épaisse cuirasse, et environné d'une garde nombreuse. La nuit sur-tout lui donnait les plus vives terreurs : il avait fait construire un grand nombre de chambres dans le palais de Wittehal, et chacune de ces chambres avait une trape par laquelle on pouvait descendre à une petite porte qui donnait sur le bord de la Tamise. C'était dans ces chambres qu'il se retirait chaque soir, n'emmenant per-

sonne avec lui pour le déshabiller , et
ayant soin de ne jamais coucher deux fois
de suite dans le même lit.

Ce cruel état d'un tyran qui redoutait
tout, lui causa une fièvre lente , qui devint
bientôt dangereuse. Quoique sentant approcher sa fin , il parut toujours assuré du
retour à la santé ; il faisait sur-tout valoir
certaines révélations de ses aumôniers ,
qui lui promettaient sa guérison. *Croyez-
moi*, disait-il à son médecin , *le Seigneur
accorde mon rétablissement aux prières
de tant de saintes ames. Vous pouvez
être fort habile dans votre profession ,
mais la nature est au-dessus de tous
les médecins du monde , et Dieu infiniment au-dessus de la nature.* Le médecin , surpris que n'ayant pas 24 heures
à vivre il osât dire avec tant d'assurance
qu'il serait bientôt rétabli, lui en témoigna
son étonnement. *Vous êtes un bonhom-
me ,* repartit l'habile fourbe en se décou-
vrant ; *ne voyez-vous pas que je ne
risque rien par ma prédiction ? Si je
meurs , au moins le bruit de ma guérison , qui va se répandre , retiendra les*

ennemis que je puis avoir, et donnera le temps à ma famille de se mettre en sûreté ; et si je réchappe (car vous n'êtes point infaillible), me voilà reconnu de tous les Anglais comme un homme envoyé de Dieu, et je ferai d'eux tout ce qu'il me plaira. Cette réponse peint parfaitement son caractère. Il fit le fanatique, mais ne fut jamais qu'un fourbe, qui connaissait parfaitement les hommes et son siècle, et eut la hardiesse de mettre cette connaissance à profit. Il était même si peu fanatique, qu'il sut ménager toutes les sectes, et n'en persécuta aucune. Sobre, économe sans être avide du bien d'autrui, laborieux et exact dans toutes les affaires, il couvrit, dit Voltaire, des qualités d'un grand roi, tous les crimes d'un usurpateur. Son cadavre, qu'on avait placé dans un magnifique tombeau parmi ceux des rois, en fut arraché au commencement du règne de Charles II, puis traîné sur une claie, pendu et enterré au pied du gibet. Si les passions savaient respecter quelque chose, il ne serait peut-être pas inutile de dire que l'homme qui, après tant

de troubles, avait su élever l'Angleterre à un si haut degré de gloire, méritait une autre récompense. Son fils, *Richard Cromwel*, lui succéda au protectorat ; mais n'ayant aucune des qualités de son père, il fut bientôt obligé de se démettre du gouvernement. Le parlement lui donna deux cent mille livres sterling, en l'obligeant de sortir du palais des rois. Il obéit sans murmure, vécut dès-lors en paisible particulier, et mourut à 80 ans, ignoré dans le pays dont il avait été quelques jours le souverain.

PIERRE CORNEILLE,

SURNOMMÉ LE GRAND,

Né en 1606, et mort en 1684.

CORNEILLE reçut de la voix publique le titre de *grand*, et ce fut avec plus de droits que la plupart des conquérans et des heureux usurpateurs à qui on donne aussi ce titre, qui bien souvent ne leur est

pas dû. On ne voit que les succès , et l'on oublie ou l'on ignore que, pour l'ordinaire, ils viennent en partie des circonstances favorables et d'une hardiesse qui abandonne tout à la fortune : la fin donne la gloire ou l'opprobre ; celui qui réussit est seul un *grand homme*. Il n'en est pas de même chez les poètes et chez tous ceux qui tirent d'eux-mêmes leurs moyens : Homère et Corneille doivent tout à leur génie, et rien aux circonstances , rien à la fortune. Aussi est-il plus difficile de les égaler, que de se mettre au rang des grands guerriers. L'histoire nomme des milliers de grands capitaines, et compte à peine douze poètes qui peuvent rivaliser avec le divin Homère et le grand Corneille. Et cependant, pour peu qu'on ait reçu quelque éducation, on peut devenir poète ; la porte des honneurs est ici ouverte à tout le monde : il n'en est pas de même dans l'autre carrière ; quelques favoris de la fortune ont seuls le droit de s'y distinguer. Combien ils rabattraient de leur orgueil, s'ils réfléchissaient que, sur une armée de cinquante mille hommes , il y en a au moins mille qui

qui en auraient fait autant qu'eux, si l'occasion s'en était également présentée. Je
sais que ces réflexions ne seront que des
déclamations aux yeux des nombreux ado-
rateurs de la fortune et de la puissance;
aussi ne les fais-je que pour les gens qui
pensent, et savent distinguer le mérite réel
du bonheur et de la réputation. Alexandre
et Turenne furent certainement de grands
hommes, mais nombre d'autres ne furent
que des *gens heureux*.

Pierre Corneille naquit à Rouen, en
1606, d'un maître des eaux et forêts. On
le destinait au barreau, mais jamais la nature n'avait produit un homme si peu propre à cet état : outre que Corneille détestait
cordialement tout ce qui s'appelle affaire,
il était gauche, maladroit, et parlait fort
mal. Il ne manqua pas de perdre la première cause qu'il entreprit ; il sentit son
incapacité, et s'adonna à la poésie, qui lui
souriait bien autrement. Il était cependant
loin de connaître ce qu'il valait ; une petite
aventure le lui apprit, décida de son sort,
et nous valut un grand poète. Un jeune
homme le conduisit un jour chez sa mai-

3

Q

tresse ; celle-ci ne le vit pas sans plaisir, et l'aima bientôt au point d'oublier son premier amant. Heureux par l'amour, Corneille voulut en tracer le tableau ; il fit *Mélite*. Cette pièce, toute imparfaite qu'elle était, fut jouée avec un succès extraordinaire ; et, sur la confiance que l'on eut dans le nouvel auteur, il se forma une nouvelle troupe de comédiens. Corneille fut alors lancé dans la carrière qu'il a parcourue si glorieusement ; mais il donna encore la *Veuve*, la *Galerie du Palais*, la *Suivante*, la *Place Royale*, *Clitandre*, et quelques autres pièces, avant qu'il parût ce qu'il était. *Médée* annonça enfin son génie, et le *Cid* le montra dans toute sa gloire. Ce fut en 1636 que cette pièce fut jouée. Richelieu eut la petitesse d'être jaloux du triomphe de Corneille ; et, non content d'éprouver un sentiment si bas, il vengea lui-même Corneille, en se montrant devant tout le monde tel qu'il était intérieurement. Il souleva les auteurs contre ce chef-d'œuvre, et se mit à leur tête ; il ordonna à son académie d'en faire une critique, et fut mécontent de trouver la critique encore trop douce. *Scudéri* servit aussi sa jalousie, et osa devenir le censeur du père de la tragédie française. Corneille resta en paix : le public, passionné pour son ouvrage, courut en foule l'admirer et l'applaudir ; et ce fut ainsi qu'on le vengea. Cette pièce fit même une telle impression dans sa nouveauté, que l'on dit long-temps en proverbe : *Cela est beau comme le Cid.* Le poète avait une ame digne de son génie : il avait droit de se plaindre de Richelieu, et ne le fit point, parce qu'il en avait reçu des bienfaits. A la mort de ce ministre, il se contenta de faire ces quatre vers, qui expriment toute sa conduite à ce sujet :

Qu'on parle mal ou bien du fameux Cardinal,
Ma prose ni mes vers n'en diront jamais rien :
Il m'a trop fait de bien pour en dire du mal,
Il m'a trop fait de mal pour en dire du bien.

Trois ans après, un nouveau chef-d'œuvre confirma sa gloire ; les *Horaces* parurent. Les critiques cette fois n'eurent point lieu. On vit qu'il n'était guère facile de faire trouver mauvais ce qui était admirable.

Cinna ne laissa plus rien à desirer. Le
Cid, dit Voltaire, n'était, après tout,
qu'une imitation de *Guillem de Castro;*
et *Cinna,* qui le suivit, était unique. Ce
fut là l'époque brillante du génie de
Corneille; il produisit encore *Polyeucte,*
que les petits esprits de l'hôtel de Ram-
bouillet critiquèrent, et que la nation
applaudit. *Pompée* lui succéda; et enfin,
comme s'il était réservé à notre poète
d'être aussi le père de la comédie française, le *Menteur,* imité de l'espagnol,
donna l'idée d'une bonne pièce comique,
et servit de modèle à Molière qui devint
inimitable. Le dernier chef-d'œuvre de
notre poète fut *Rodogune;* on le retrouva
encore dans *Héraclius,* et sur-tout dans
une scène de *Sertorius;* mais il fut indigne de lui-même dans les nombreuses
pièces qu'il donna ensuite, et qui ne sont
qu'une preuve éclatante de la faiblesse de
l'esprit humain. On a dit de ce poète, qu'il
eut son aurore, son midi et son couchant.
«Mais, observe Voltaire, on ne juge d'un
grand homme que par ses chefs-d'œuvre,
et non par ses fautes. Si on ne le juge que

par les pièces du temps de sa gloire, quel
homme ! quel sublime dans ses idées !
quelle élévation de sentimens ! quelle noblesse dans ses portraits ! quelle profon-
deur de politique ! quelle vérité ! quelle
force dans ses raisonnemens ! Chez lui les
Romains parlent en Romains, les rois en
rois ; par-tout de la grandeur et de la majesté. On sent, en le lisant, qu'il ne puisait
l'élévation de son génie que dans son ame. »
Non-seulement Corneille fut un grand
poëte, mais il fit voir tout ce qu'on pouvait attendre de notre poésie, et inspira
Racine. Il peut être incertain, dit *Fontenelle,* que Racine eût été, si Corneille
ne fût pas venu avant lui ; il est certain
que Corneille a été par lui-même.

Corneille était d'un physique heureux,
grand, assez plein, d'une figure agréable,
ayant la bouche belle, les yeux vifs, pleins
de feu, le nez grand, la physionomie ouverte, des traits fort marqués, *et propres
à être transmis à la postérité dans une
médaille ou un buste ;* mais tous ces
avantages extérieurs étaient presque perdus par l'air simple, ou plutôt commun, de

3

ses manières ; il paraissait avoir peu d'u-
sage, et était vêtu ordinairement avec tant
de négligence, qu'un Espagnol, qui desirait beaucoup le voir, le prit pour un marchand de Rouen, un de ces rustres nor-
mands à peine décrassés. Sa conversation
n'ajoutait guère non plus à l'idée qu'inspirait sa personne ; il parlait peu et fort mal,
sa prononciation était sans netteté ; personne ne récitait ses vers avec plus de
mauvaise grace que lui-même. Il crut, un
jour, qu'un poète de ses amis avait criti-
qué un de ses ouvrages au théâtre, et
il lui en fit des reproches. *Comment au-*
rais-je pu, lui répondit son ami, *trou-*
ver à redire à vos vers dans la bouche
d'un excellent acteur, après les avoir
trouvés admirables lorsque vous les
barbouilliez si mal vous-même ? Ce
trait ne doit pas faire croire qu'il avait
de l'orgueil, et voulait être absolument
admiré ; il connaissait son prix, le disait
sans façon, et ne se gênait pas pour l'é-
crire ; mais il écoutait avec plaisir les
conseils, et savait encore se défier de ses
forces. Le sentiment qui le faisait parler

de lui-même, était une véritable bonhomie qui n'offensait personne, parce qu'on
n'y voyait point de vanité : un homme
comme lui pouvait dire avec plaisir : j'ai
fait le *Cid*, *Cinna*, *les Horaces* et *Rodogune*. Qui aurait pu s'en fâcher ?

Les qualités de l'ame, en lui, étaient
aussi belles que celles du génie : il avait
un frère, homme de grand mérite aussi,
mais dont la gloire le céda à la sienne.
Thomas Corneille, a-t-on dit, eût paru
plus grand s'il eût été seul de son nom;
mais on lui a rendu justice, et la brillante
réputation de Pierre, loin de nuire à la
sienne, lui a au contraire donné du lustre.
Ces deux hommes ont offert ce que l'a-
mitié fraternelle a de plus doux et de plus
rare : tous deux, étroitement unis, épou-
sèrent les deux sœurs ; tous deux eurent
le même nombre d'enfans, tous deux ha-
bitèrent la même maison, et, ce qui est
plus extraordinaire, tous deux furent
poètes, et cependant amis. Après vingt-
cinq ans de mariage, ni l'un ni l'autre n'a-
vait encore songé au partage du bien de
leurs femmes, et il ne fut fait qu'à la

4

mort du grand Corneille. Une union aussi rare annonce que la vertu était aussi grande que le génie dans ces deux frères ; des ames médiocres et des cœurs vicieux n'offrent jamais de pareils tableaux.

Les deux frères, quoiqu'inégaux en génie, avaient tous deux une facilité étonnante à versifier. *Ma pièce est faite*, disait *Pierre*, *je n'ai plus qu'à la mettre en vers* ; et *Thomas* ne fut que *dix-sept jours* à faire *Ariane*, la plus belle de ses tragédies. Cette facilité cependant leur fit du tort : la versification de Thomas, en général, est faible et lâche ; celle de Pierre est dure, incorrecte, et quelquefois barbare. La noblesse de ses idées fait tout oublier ; mais quand il ne traite qu'un sujet ordinaire, où l'élévation ne peut se montrer, Corneille est même au-dessous du médiocre. *Racine* avait cette dangereuse facilité dans ses commencemens ; le sage Boileau *lui apprit à rimer difficilement* ; et Racine devint, sans contredit, le meilleur poète français.

On a rapporté que Corneille était en si grand honneur sur ses vieux jours, que lorsqu'il venait au spectacle, on se levait à son arrivée comme à celle des princes ; certes il avait, au théâtre, plus de droit qu'eux à cet honneur ; mais Voltaire prétend qu'il n'en fut jamais rien, et il n'en donne pour raison que la tournure du cœur humain, qui se plaît assez peu à rendre hommage aux grands talens. Voltaire fut cependant lui-même un exemple éclatant du contraire. Croyons, pour l'honneur de nos Français, qu'ils ont quelquefois pris plaisir à honorer les grands hommes qui ont fait la gloire de la nation. Quoi qu'il en soit, Corneille, sur la fin de sa vie, fut obligé de porter ses pièces à un autre théâtre que celui qu'il avait fondé : les comédiens, à leur honte, les refusèrent. Sans doute elles n'étaient point bonnes, mais c'était Corneille qui les leur présentait, et par respect pour lui on devait les recevoir.

Je mettrai ici une réflexion qui n'est sans doute pas à sa place, mais que je n'en crois pas moins juste ; c'est qu'il est assez triste de voir des hommes de lettres, des hommes de génie, sur-tout tels que les

5

Corneille, les Racine, les Crébillon, les
Voltaire, obligés, pour produire leurs di-
vins ouvrages, de solliciter les suffrages
d'un comité d'acteurs et d'actrices, qui,
quoiqu'habiles dans leur art, sont quelquefois de fort mauvais juges. Je ne dirai
rien de leurs caprices, qui avilissent en
quelque sorte le talent qui vient leur faire
la cour. Ce *Dufresne*, dont j'ai déjà dit
un mot, fit changer à *Destouches* le dé-
nouement du Glorieux, *parce que*, disait
ce fat, *il n'était pas accoutumé à se
voir humilié sur la scène*. Que répondre
à une aussi sotte observation? Il faut donc
gâter un chef-d'œuvre pour se faire jouer!
Le théâtre qui nous fait véritablement
honneur, n'est pas l'*Opéra*, que le gouvernement soutient à si grands frais, mais
le Théâtre Français : voilà celui qui devrait
être *national*, et conduit comme le théâtre
d'Athènes. Ce devrait être des gens très-
instruits, les meilleurs poètes qui, au nom
de la nation, recevraient, examineraient
et feraient jouer les ouvrages nouveaux.
La poésie dramatique aurait alors tout
son prix et toute sa gloire. Mademoiselle

Clairon ne dirait plus par dérision : *Vous vous croyez bien avancés, messieurs les poètes, quand vous avez achevé votre pièce ; et vous n'êtes pas encore à moitié de l'ouvrage.* Elle avait bien raison, mademoiselle Clairon ; l'homme de talent a plutôt fait un chef-d'œuvre, qu'il n'a vaincu les caprices et la paresse des acteurs (1). Il faut un véritable courage pour parvenir à se faire jouer ; c'est ce que ceux qui déchirent et sifflent sans pitié une pièce nouvelle, ne savent sûrement pas. Mais revenons à Corneille.

Ce grand homme s'affaiblit peu à peu, et mourut doyen de l'académie française, en 1584, à l'âge de 78 ans. Je terminerai son portrait par dire qu'il avait l'ame fière, indépendante ; nulle souplesse, nul manége : ce qui, dit Fontenelle, son

---

(1) La paresse des comédiens est plus funeste que toute autre chose à la poésie dramatique ; ils ont de la peine à apprendre de nouveaux rôles, et en jouant toujours Racine et Corneille, c'est, comme on l'a observé, le plus sûr moyen de ne leur jamais donner de successeurs.

neveu , l'a rendu très-propre à peindre la
vertu romaine, et très-peu à faire sa fortune. Il eut trois fils ; le premier capitaine
de cavalerie , le second lieutenant , et le
troisième ecclésiastique. Son frère Thomas
Corneille le remplaça à l'académie , et vécut encore vingt-cinq ans.

MILTON,

CÉLÈBRE POÈTE ANGLAIS,

Né en 1608, et mort en 1674.

JEAN MILTON naquit à Londres, en 1608,
d'une famille noble. Son éducation fut
très soignée ; il apprit, outre le latin , les
langues grecque , hébraïque , française et
italienne : pour achever de s'instruire, il
se mit à voyager. Ce fut en Italie qu'il
conçut la première idée de son *Paradis
perdu*, en assistant à la représentation
d'une pièce bizarre , intitulée *Adam* ou
le Péché originel. Il n'eut d'abord in-

tention que de composer sur ce sujet une
tragédie qui, à coup sûr, n'eût rien valu,
et il en fit même un acte et demi ; mais
en travaillant, ses idées s'étendirent, et le
plan d'un poëme épique se trouva tout
formé. Il aurait dès-lors commencé cette
grande entreprise, si les troubles de sa
patrie n'eussent attiré toute son attention,
et ne l'eussent rappelé d'Italie à Londres.

Milton avait une imagination vive et de
l'énergie dans le caractère ; la pensée de
la liberté l'échauffa, et il fit tout ce qui
fut en son pouvoir pour y contribuer. Après
la mort tragique de Charles Ier., il fit un
livre *sur le Droit des Rois et des Magistrats*, et prouva qu'un tyran sur le trône
est comptable à ses sujets ; qu'on peut lui
faire son procès, le déposer et le punir
suivant ses crimes. Cette morale politique,
très-juste en elle-même, parut abominable dans toute l'Europe, et valut en Angleterre, à son auteur, un présent de mille
livres sterling, et la place de secrétaire
d'état, sous *Olivier* et *Richard Cromwel*, et sous le parlement qui dura jusqu'au temps de la restauration. Ainsi, dit

Voltaire, par une fatalité qui n'est que trop commune, ce zélé républicain fut le serviteur du tyran. Il est à remarquer, en passant, que les écrits en prose de ce grand poète ne sont que des déclamations sans goût, indignes même d'un médiocre écrivain.

Il avait 52 ans lorsque la famille royale fut rétablie. Il fut compris dans l'amnistie que Charles II donna aux ennemis de son père; mais il fut déclaré, par l'acte même de l'amnistie, incapable de posséder aucune charge dans le royaume. Cependant on lui offrit de lui rendre sa place par la suite; mais il refusa, et dit à sa femme, qui en témoignait du mécontentement: *Vous autres femmes, vous feriez tout au monde pour rouler en carrosse; moi, je veux vivre libre et mourir en honnête homme.* Il eut sans doute de la probité, puisqu'il quitta une place où il pouvait amasser des richesses considérables, avec une fortune qui put à peine le maintenir dans une paisible aisance. Il ne fut pas cependant dans la misère, comme Voltaire l'a écrit. L'abandon de tous ses contemporains ne fut pas sans doute un grand malheur pour un homme qui se suffisait à lui-même, mais il avait une infirmité qui était un malheur réel, sur-tout pour lui : à force de travail il avait épuisé sa santé, et avait perdu la vue. Dans sa solitude, il ne put donc point se distraire lui-même par la lecture ; mais ses trois filles, qu'il avait très-bien élevées, savaient lire le grec, l'hébreu, et plusieurs autres langues, quoiqu'elles ne les entendissent pas, et elles lui lisaient tour-à-tour les livres qu'il desirait. Ce fut alors qu'il commença son *Paradis perdu*, auquel il avait songé autrefois, et il mit neuf ans à faire cet ouvrage immortel. « Il avait à cette époque, dit Voltaire, très-peu de réputation. Les beaux-esprits de la cour de Charles II, ou ne le connaissaient pas, ou n'avaient pour lui nulle estime. Il n'est pas étonnant qu'un ancien secrétaire de Cromwell, vieilli dans la retraite, aveugle et sans bien, fût ignoré ou méprisé dans une cour qui avait fait succéder à l'austérité du gouvernement du protecteur, toute la galanterie de la cour de Louis XIV, et dans

laquelle on ne goûtait que les poésies effé-
minées , la mollesse de *Waller*, les satires
du comte de *Rochester*, et l'esprit de
Cowley. »

« Une preuve indubitable qu'il avait
très - peu de réputation , c'est qu'il eut
beaucoup de peine à trouver un libraire
qui voulût imprimer son *Paradis perdu* :
le titre seul révoltait , et tout ce qui avait
quelque rapport à la religion était alors
hors de mode. Enfin , *Thompson* lui
donna trente pistoles de cet ouvrage, qui
a valu depuis plus de cent mille écus aux
héritiers de ce Thompson ; encore ce libraire avait-il si peur de faire un mauvais
marché , qu'il stipula que la moitié de ces
trente pistoles ne serait payable qu'en cas
qu'on fît une seconde édition du poëme ;
édition que Milton n'eut jamais la consolation de voir. Il resta pauvre et sans gloire.
Son nom doit augmenter la liste des grands
génies persécutés de la fortune.

« Le Paradis perdu fut donc négligé à
Londres et Milton mourut sans se dou-
ter qu'il aurait un jour de la réputation.
Ce fut le lord Sommery, et le docteur At-

terbury , depuis évêque de Rochester ,
qui voulurent enfin que l'Angleterre eût
un poëme épique. Ils engagèrent les héritiers de Thompson à faire une belle édition du Paradis perdu. Leur suffrage en
entraîna plusieurs : depuis , le célèbre
M. Adisson écrivit en forme pour prouver
que ce poëme égalait ceux de Virgile et
d'Homère. Les Anglais commencèrent à
se le persuader , et la réputation de Milton fut fixée. »

Ce poète , épuisé par le travail , les maladies , et sans doute le chagrin , mourut à
Brunhille, en 1674, à 66 ans. Il avait quelque temps auparavant publié un second
poëme , moins long et moins bon que le
premier , et qu'il intitula le *Paradis re-
conquis.*

Cet ardent républicain n'était pas seulement ennemi des rois , il l'était encore
de toutes les sectes religieuses , qui alors
se déchiraient avec acharnement. Il aurait
voulu qu'on tolérât toutes les religions,
toutes les sectes , hors le catholicisme , non
comme religion , mais parce qu'il regardait
l'église romaine comme une faction tyran-

nique qui opprimait toutes les autres.

Il écrivit en faveur du divorce, et ses démêlés domestiques en furent cause. Sa première femme était d'une famille roya-liste ; et au bout d'un mois de mariage elle s'avisa de quitter son mari, seulement parce qu'il était du parti du peuple. Sans s'amuser à courir après cette folle, Milton fit un ouvrage sur la nécessité du divorce, et le présenta au parlement. Suivant lui, le mariage devant être un état de douceur et de paix, la seule contrariété d'humeurs suffisait pour le rompre. En conséquence de ces principes, il chercha une jeune femme de son âge, d'un caractère conve-nable au sien, et allait l'épouser lorsque son épouse, avertie de ce qui se passait, vint toute en pleurs le trouver, se jeter à ses genoux, et le supplier de la repren-dre. Milton, attendri par cette marque d'a-mour, la reprit, lui conseilla de s'occuper de son ménage sans songer aux affaires politiques, et vécut très - bien avec elle. Il fut marié trois fois, et eut une fille de chacune de ses épouses.

Ce poète était d'une taille médiocre,

mais assez bien prise ; il portait ses che-
veux noirs flottans et bouclés sur ses épaules. Sa figure était maigre, sérieuse, mais
agréable ; quoique aveugle dans sa vieillesse, ses yeux étaient beaux et sans tache.
Sa conversation était celle d'un homme
d'esprit et d'un caractère doux et indulgent ; il réservait pour ses écrits toute son
austérité républicaine.

Sa sobriété était celle d'un philosophe qui
en connaissait le prix pour la santé de l'esprit et du corps ; la nourriture la plus
simple lui convenait le mieux, et il ne buvait presque pas de vin. Ce régime était
nécessaire à un homme tourmenté de la
goutte. Il aima toujours les exercices cor-
porels, particulièrement les armes. Lorsqu'il eut perdu la vue, il fit construire une
machine où on le balançait tous les jours.
Il se levait très-matin, travaillait jusqu'à
dîner, et donnait le reste du jour à une
récréation nécessaire. Après les exercices,
la musique avait de grands charmes pour
lui : il chantait passablement, et jouait
très-bien de quelques instrumens. Son livre favori était Homère, et il le savait
presque par cœur.

RUYTER,

CÉLÈBRE NAVIGATEUR HOLLANDAIS,

Né en 1607, et mort en 1676.

MICHEL - ADRIEN RUYTER naquit d'un petit bourgeois, à Flessingue, en 1607. A onze ans il commença à fréquenter la mer. Simple mousse, et sans aucune recommandation, il lui fallut toutes les qualités qui distinguent un grand homme de sa profession, pour s'élever jusqu'au point où il parvint. Le courage, les connaissances de la navigation, et cette pénétration qui tient lieu d'une longue expérience, se trouvèrent en lui au suprême degré. Après avoir été matelot, contre-maître et pilote, il devint capitaine de vaisseau : chaque grade fut pour lui la récompense d'une belle action. Huit voyages dans les Indes occidentales, et deux dans le Brésil, lui méritèrent, en 1641, la place de contre-amiral. Il fut alors envoyé

Milton.

Ruyter

Louis XIV.

Montecuculli.

Turenne

Lamoignon.

au secours des Portugais, contre les Espagnols, et se couvrit de gloire. Devant
Sallé, ville de Barbarie, malgré cinq vaisseaux d'Alger, il passa seul à la rade de
cette place ; il combattit plusieurs fois les
Anglais, prit, en 1665, quantité de vaisseaux turcs, et entre autres un fameux
renégat nommé *Amand de Dios*, qu'il
fit pendre. Ayant été envoyé au secours
des Danois contre les Suédois, et ayant
donné des marques d'une valeur extraordinaire dans l'île de Funen, le roi de Danemarck lui donna des titres de noblesse
et une pension. En 1661, il mit à la raison les corsaires d'Alger, fit échouer un
vaisseau de Tunis, donna la liberté à
quarante esclaves chrétiens, et fit un
traité avec les Tunisiens. Une victoire
signalée, qu'il remporta contre les flottes
réunies de l'Angleterre et de la France, le
fit élever aux places de vice-amiral et de
lieutenant-amiral-général. Il continua jusqu'en 1676 de se faire admirer, et de soutenir sur mer la force et la gloire de sa patrie, qui était loin d'avoir sur terre les
mêmes succès. Enfin il fut blessé mor-

tellement d'un coup de canon, dans un combat qu'il donna aux Français, devant la ville d'Agouste en Sicile. Son corps fut porté à Amsterdam, où les états-généraux lui firent élever un magnifique monument. Le conseil d'Espagne venait de lui donner le titre et les patentes de *duc*, qui n'arrivèrent qu'après sa mort.

LOUIS XIV,

L'UN DES PLUS GRANDS ROIS DE FRANCE,

Né en 1638, et mort en 1715.

Nous changeons un peu l'ordre chronologique en faveur de Louis XIV, et pour le voir ici encore à la tête des hommes illustres de son siècle, comme il y fut autrefois. Seul il n'a pas la gloire de son temps, comme quelques écrivains, grossièrement flatteurs, l'ont avancé : il n'eût pas vécu, que son siècle eût encore produit de grands hommes ; mais il réunit au rare avantage d'être entouré de génies élevés, les qualités qui font discerner le mérite, et qui savent tout animer, tout mettre en œuvre, tout placer dans un beau jour ; et c'est peut-être là le talent le plus essentiel à un roi. Il fit peu par lui-même, mais il fut l'ame de tout : voilà sa véritable gloire.

Louis XIV naquit à Saint-Germain-en-Laye, le 5 septembre 1638, de *Louis XIII* et d'*Anne d'Autriche*. On le surnomma *Dieu-Donné*, parce que les Français le regardèrent comme un présent du ciel accordé à leurs vœux, après vingt-deux ans de stérilité de la reine. Il n'avait que cinq ans lorsqu'il parvint à la couronne, le 15 mai 1643. Nous avons vu, dans la vie de Mazarin, la minorité orageuse de Louis XIV : ce prince ne fut rien tant que le cardinal vécut ; il commençait à se lasser de cette tutelle, et l'on rapporte qu'il dit, à la mort du ministre : *Je ne sais ce que j'aurais fait s'il eût vécu plus long-temps.* Cette mort arriva en 1661 ; le roi avait alors 23 ans ; l'année d'auparavant il avait épousé *Marie-Thérèse,* infante d'Espagne.

Jusqu'alors on croyait généralement que le jeune prince avait hérité du caractère faible et indolent de son père ; mais on fut bientôt détrompé : au premier conseil qui se tint après la mort du ministre, il déclara qu'il voulait tout voir par lui-même. Il fixa à chacun de ses ministres les bornes de son pouvoir, se faisant rendre compte de tout à des heures réglées, leur donnant la confiance nécessaire pour rendre leur ministère respectable, et veillant sur eux pour les empêcher d'en abuser. Les finances, dérangées par un long brigandage, attirèrent d'abord son attention ; il remplaça *Foucquet*, condamné au bannissement, par *Colbert* qui répara tout, créa le commerce, établit des manufactures et fit naître les arts. On projeta dès-lors de former une marine redoutable : des savans furent envoyés dans les différentes parties du monde ; le canal de Languedoc, pour la jonction des deux mers, fut commencé, et l'ordre reparut par-tout. Non content de préparer la grandeur de la France, le jeune *Louis* voulut encore faire sentir ses bienfaits et sa munificence chez les étrangers :

soixante savans de l'Europe reçurent des récompenses de sa part. *Quoique le roi ne
soit pas votre souverain*, leur écrivait Colbert, *il veut être votre bienfaiteur; il vous
envoie cette lettre - de - change comme
un gage de son estime*. Plusieurs autres
étrangers habiles furent appelés en France,
et traités d'une manière digne de leur mérite et du monarque. Louis n'était pas
l'auteur de tous ces projets qui tendaient
à faire retomber sur lui une grandeur véritable ; mais il les approuvait, et rien n'est
plus beau et plus noble dans le chef d'une
nation, que de faire exécuter ce qui lui paraît le plus utile et le plus glorieux.

Il n'y avait guère qu'un an qu'il régnait
par lui-même, lorsqu'il trouva l'occasion
de s'annoncer à l'Europe comme un prince
qui voulait faire respecter sa puissance
jusque dans les plus petites choses. L'ambassadeur d'Espagne prétendait obtenir
la préséance sur l'ambassadeur français
à la cour de Londres, dans une cérémonie
publique : grands débats à ce sujet ; l'Espagnol trancha la difficulté en usant de
violence ; ses gens tirèrent leurs armes,

3.   R

tuèrent les chevaux du Français, et pas-
sèrent les premiers comme en triomphe.
Louis XIV ne fut pas plutôt informé de
cette insulte, qu'il exigea et obtint une
réparation authentique de la part du roi
d'Espagne, qui, par cette démarche, montra qu'il n'avait que des prétentions chi-
mériques et une faiblesse réelle. Ce petit
événement eut un grand effet, en annonçant la place que la France allait occuper
dans l'Europe. Il fut suivi d'un autre qui
montra encore mieux quelle était déjà la
prépondérance de Louis. L'ambassadeur
français à Rome avait été également in-
sulté ; la garde corse, animée secrètement
par *Don Mario Chigi*, frère du pape,
vint même assiéger le palais de l'ambassadeur. Louis mit aussitôt des troupes en
campagne, et força le pape effrayé à lui
envoyer son neveu le cardinal *Chigi*,
avec le titre de légat, pour faire au roi
des excuses publiques. Et ce fut, observe
Voltaire, le premier légat que l'on fit venir
demander pardon pour le pontife. Non
content de cette démarche, il exigea que
l'on cassât la garde corse, que l'on élevât

dans Rome même une pyramide , avec
une inscription qui contenait l'injure et
la réparation, et, ce qui était plus considérable , que l'on rendît Castro et Ronci-
glione au duc de Parme , et que l'on dé-
dommageât le duc de Modène de ses droits
sur Commachio. Dans le cours de la même
année 1662 , il acheta du roi d'Angleterre
Dunkerque et Mardick, pour cinq millions
de livres , et fit aussitôt travailler trente
mille hommes pour fortifier la première de
ces villes et creuser son bassin.

Il envoya ensuite contre les Maures des
troupes qui prirent Gigery , et donna du
secours à l'empereur contre les Turcs. En
1665 il réprima les courses des Algériens ,
soutint les Portugais contre les Espagnols , et déclara la guerre aux Anglais
pour secourir les Hollandais ses alliés. La
paix fut conclue deux ans après à Breda ,
entre l'Angleterre , la Hollande , le Danemarck et la France.

Philippe IV , roi d'Espagne et père de
la reine, étant mort, Louis XIV crut avoir
des prétentions dans les Pays-Bas, et s'y di-
rigea aussitôt avec une armée de trente-

R 2

cinq mille hommes , et Turenne sous ses ordres. Cette expédition ne fut qu'une promenade : il entra dans Charleroi comme dans Paris ; Ath , Tournai, furent prises en deux jours ; Furnes , Courtrai, Armentières et Douai ne tinrent pas davantage ; et Lille , la plus forte et la plus belle ville des Pays-Bas, capitula après neuf jours de siége. L'année suivante, 1668, toute la Franche-Comté fut soumise en trois semaines. La paix fut conclue la même année avec l'Espagne ; la Franche-Comté fut donnée à cette puissance, et l'on retint les villes conquises dans les Pays-Bas. En 1669, on prit la Lorraine, pour punir le duc qui ne cessait de remuer contre la France , et l'hôtel des Invalides fut bâti deux ans après. Les ports , autrefois déserts , furent fortifiés, embellis ; des vaisseaux furent construits , nombre de matelots exercés; notre marine devint imposante. Les sciences étaient en même temps encouragées et cultivées avec le plus grand succès : des savans avaient été envoyés dans les quatre parties du monde, pour y faire des observations astronomiques , et l'on traçait une méridienne d'un bout à

l'autre de la France. L'académie de Saint-
Luc était fondée à Rome pour les jeunes
peintres. On imprimait au Louvre des ouvrages immenses, dont l'entreprise excé-
dait la fortune des particuliers ; on ornait
les auteurs latins de remarques pour l'é-
ducation du dauphin ; on bâtissait des ci-
tadelles, et l'on formait un corps de troupes
de quatre cent mille hommes. Il devait
bientôt servir au dessein que le roi avait
de conquérir entièrement les Pays-Bas, en
commençant par la Hollande.

Il se mit en campagne en 1672. Au
mois de mai il passa la Meuse, avec son
armée, commandée sous lui par Condé et
Turenne. Les premières places qu'il rencontra ne purent lui résister ; la Hollande
s'attendait à subir le joug dès qu'il aurait
passé le Rhin : quarante places fortes et
les provinces de Gueldres, d'Utrecht et
d'Owerissel se rendirent en effet aussitôt
qu'il eut exécuté ce passage ; et les états,
rassemblés à la Haye, furent obligés de se
sauver à Amsterdam, dont on inonda aussitôt les environs, en brisant les digues
qui retenaient les eaux de la mer. La

3

Hollande semblait perdue à jamais. L'Europe alors sentit le danger qu'il y aurait pour elle à laisser si facilement s'agrandir un jeune prince dont l'ambition s'annonçait avec tant de bonheur et d'éclat : l'empereur, l'Espagne, l'électeur de Brandebourg, réunis, présentèrent de nouveaux ennemis à combattre. Louis reprit aussitôt la Franche-Comté ; Turenne entra dans le Palatinat ; *Schomberg* battit les Espagnols dans le Roussillon ; Condé défit le *prince d'Orange* à Senef ; la victoire fut par-tout fidelle à la France. Tant de prospérités furent troublées par la mort de Turenne ; heureusement que l'on avait Condé pour lui succéder. Créqui, seul de tous les généraux, fut le moins heureux ; il fut mis en déroute au combat de Consarbrick, et fut fait prisonnier dans Trèves. Le cours de l'an 1676 n'offrit que des succès à la France : l'amiral *Ruiter* fut deux fois vaincu par *Duquesne*, et périt dans la seconde bataille. Vers le même temps la France déclara la guerre au Danemarck, pour soutenir la Suède. Les alliés, commandés par le prince d'Orange, furent

défaits à Cassel par *Monsieur*, frère unique du roi. Enfin la paix fut conclue à
Nimègue, le 10 août 1678, entre la France
et la Hollande ; l'Espagne y accéda un
mois après, l'empereur dans l'année suivante, et le Brandebourg et le Danemarck
quelque temps après.

Cette paix signée, Louis ne resta pas
oisif : l'or et l'intrigue lui ouvrirent les
portes de Strasbourg et de Casal, et sa
fermeté apprit aux papes dans quelles
bornes ils devaient se renfermer. Le clergé,
assemblé par son ordre, déclara que le *pape*
n'avait aucune autorité sur le temporel
des rois......; que les conciles étaient
au-dessus de lui..... ; que sa puissance
doit être réglée par les canons....; qu'il
n'a droit de décider qu'en matière de
foi....., et que ses décisions ne sont irré-
formables qu'après que l'église les a
reçues. Dans le même temps on travaillait
à la réforme des lois. Le magnifique canal
du Languedoc fut navigable en 1681. Le
port de Toulon fut construit pour contenir
cent vaisseaux de ligne ; le port de Brest
se formait avec la même grandeur. Soixante

mille matelots étaient retenus par la plus
exacte discipline, et l'on comptait cent
gros vaisseaux de guerre. Ils ne restaient
pas inutiles : les escadres, sous les ordres
de *Duquesne*, nétoyaient les mers infestées par les corsaires de Barbarie ; la ville
d'Alger fut bombardée en 1684, et contrainte de rendre tous les esclaves chrétiens, et de donner encore une somme
d'argent. Tunis et Tripoli demandèrent la
paix l'année suivante. Cette même année,
Gênes aussi bombardée, n'obtint la tranquillité qu'en faisant partir le doge et
quatre sénateurs pour Versailles, afin de
réparer, par cette démarche humiliante,
l'imprudence que les Génois avaient eue de
vendre de la poudre aux Algériens, et des
galères aux Espagnols.

La gloire de Louis XIV était à son plus
haut point ; ce fut alors qu'il y fit une
tache, et qu'il causa une plaie considérable à la France. Il révoqua, en 1685,
l'édit de Nantes, par lequel Henri IV avait
laissé la liberté religieuse aux calvinistes.
Cette révocation, fruit des déclamations
absurdes des théologiens, qu'il ne faudrait

jamais écouter, produisit les effets les plus
funestes. Louis XIV ajouta à cette me-
sure injuste et impolitique, celle plus blâmable encore d'envoyer des troupes pour
contraindre les protestans à se faire catholiques. Cinquante mille familles, épou-
vantées par une tyrannie semblable, aban-
donnèrent la France en moins de trois mois,
et furent porter chez les étrangers leurs
arts, leurs manufactures et leurs trésors.

La guerre recommença en 1687, à l'occasion de la ligue d'Augsbourg, faite contre
la France, entre le duc de Savoie, l'électeur de Bavière et plusieurs autres princes, animés par les intrigues du prince
d'Orange. La guerre fut aussi déclarée aux
Hollandais, et, en 1689, l'empereur,
l'Espagne et l'Angleterre s'étant réunis
contre la France, Louis XIV eut de plus
grands efforts que jamais à faire pour résister à tant d'ennemis ligués contre lui.
Les avantages que ses généraux rempor-
tèrent de tous côtés forcèrent, en 1696,
le duc de Savoie, non-seulement à faire
la paix avec lui, mais encore à joindre ses
armes aux siennes ; ce qui obligea l'em-

5

pereur et l'Espagne à accepter la neutra-
lité ; enfin une paix générale fut conclue
à Riswick , le 2 septembre 1697.

L'Europe se promettait en vain le repos,
après une guerre si longue et si cruelle :
la mort de *Charles II* , roi d'Espagne,
arrivée en 1700 , la fit renaître plus terrible que jamais, et sur-tout plus fatale
à la France. Ce prince n'ayant point d'héritiers , laissa sa couronne à l'un des fils de
Louis XIV , *Philippe de France* , duc
d'Anjou. Les autres puissances de l'Europe ne pouvaient voir sans jalousie et
sans crainte cette augmentation de fortune et de grandeur dans la famille de
Louis XIV : ils se liguèrent donc de nouveau. Le prétexte venait de l'empereur,
qui voulait faire tomber cette couronne
sur la tête de l'archiduc Charles ; il fit
partir une armée du côté de l'Italie, sous
les ordres du prince *Eugène*. Les Français
soutinrent cette guerre avec succès jusqu'au 13 août 1704, que les alliés défirent
les Français à Hoschtet. A partir de là ,
ils n'éprouvèrent plus qu'une suite de revers qui appartiennent à l'histoire, et non

à une notice biographique. En 1709, la rigueur de l'hiver vint ajouter aux malheurs de la guerre, en gelant les oliviers, les orangers et les arbres fruitiers. Le découragement augmenta avec la misère : Louis XIV demanda la paix, et n'obtint que les réponses les plus dures ; il éprouva le retour amer des humiliations qu'il avait fait éprouver autrefois. Il continua la guerre, qui ne lui fut pas plus favorable qu'auparavant, et demanda encore la paix en 1710. Les alliés, trop enflés par leurs avantages, furent jusqu'à exiger qu'il détrônât son fils, et même dans l'espace de deux mois. *Puisqu'il faut que je fasse la guerre*, dit ce monarque affligé, *j'aime mieux la faire à mes ennemis qu'à mes enfans.*

Il fallut donc continuer une guerre malheureuse sans ressource. Mais la mort de l'empereur Joseph, arrivée le 17 avril 1711, changea la face des affaires. La reine Anne d'Angleterre écouta des proposisions de paix. La France n'en était pas moins dans la consternation. Le prince Eugène, en pénétrant jusqu'à Reims, avait mis l'alarme à

6

Versailles et dans toute la France. La mort précipitée des enfans du roi, arrivée dans ces temps de calamité, vint jeter une nouvelle douleur dans l'ame de l'infortuné monarque, mais non pas l'accabler cependant ; car s'il parut jamais grand, ce fut au milieu de tous ces malheurs mêmes. Enfin la bataille de Denain, gagnée le 24 juillet 1712 par Villars, sauva la France et avança la paix, qui fut signée l'année d'ensuite à Utrecht, avec l'Angleterre, le Portugal, la Savoie, la Prusse et la Hollande. Cette paix avait été précédée d'une renonciation solemnelle de *Philippe V*, roi d'Espagne, pour lui et sa postérité, à tous les droits qu'il pourrait jamais avoir à la couronne de France, et d'une pareille renonciation du duc de Berri et du duc d'Orléans à tous ceux qu'ils pourraient avoir à la couronne d'Espagne. Enfin Louis XIV conclut la paix avec l'empereur par le traité de Bade, le 6 mars 1714.

Ce prince avait alors 76 ans, et il ne lui restait plus qu'une année à vivre ; il l'eût sans doute passée dans la tranquillité, si le jésuite *le Tellier*, qui avait pris trop d'ascendant sur son esprit, n'eût fatigué ses derniers jours de la misérable et absurde affaire de la constitution *Unigenitus*. Il vit approcher sa fin avec une fermeté qui couronna ce que l'on avait vu de grand dans sa vie, et donna de sages leçons à son successeur avant d'expirer. Il se repentit d'avoir trop aimé la guerre; il aurait pu aussi se reprocher la révocation de l'édit de Nantes et les dragonnades : mais les prêtres étaient parvenus à gâter tout-à-fait son esprit sous ce rapport; il se croyait le plus ferme soutien de l'église, le *vainqueur de l'hérésie*, comme l'on disait alors, et n'était qu'un persécuteur fanatique. Il mourut le premier septembre 1715.

Malgré les reproches qu'on peut justement lui faire, il n'en fut pas moins un de nos plus grands rois, celui qui donna le plus d'éclat à la France. Il semblait même que la nature eût pris plaisir à le former pour le grand et brillant rôle qu'il devait jouer; il était d'une haute et riche taille, d'une figure belle et majestueuse, et d'une physionomie qui semblait ne convenir

qu'au commandement. Sa manière de
marcher même, qui, observe Voltaire,
eût été ridicule dans un particulier, avait
quelque chose de convenable à un souverain. La politesse de ses manières servit
d'exemple à sa cour, et donna l'impulsion
à toute la nation. On cite une quantité de
traits où il montra une délicatesse de sentimens bien rare dans les hommes. « On
ne peut faire du bien à tout le monde, dit
Voltaire à ce sujet, mais on peut toujours
dire des choses qui plaisent. Il s'en était
fait une heureuse habitude. C'était entre
lui et sa cour un commerce continuel de
tout ce que la majesté peut avoir de
graces sans jamais se dégrader, et de ce
que tout l'empressement de servir et de
plaire peut avoir de finesse, sans l'air de
la bassesse. Il était, sur-tout avec les femmes, d'une attention et d'une politesse
qui augmentait encore celle de ses courtisans ; et il ne perdit jamais l'occasion de
dire aux hommes de ces choses qui flattent
l'amour-propre en excitant l'émulation,
et qui laissent un long souvenir.... Il aimait les louanges, mais ne les recevait pas

toujours quand elles étaient trop fortes...
Quoiqu'on lui ait reproché des petitesses,
des duretés dans son zèle contre le jansé-
nisme, trop de hauteur avec les étrangers
dans ses succès, de la faiblesse pour plusieurs femmes, de trop grandes sévérités
dans les choses personnelles, des guerres légèrement entreprises, l'embrasement du
Palatinat, les persécutions contre les réformés ; cependant ses grandes qualités et
ses actions, mises dans la balance, l'ont
enfin emporté sur ses fautes. Le temps,
qui mûrit les opinions des hommes, a mis
le sceau à sa réputation ; et malgré tout
ce que l'on a écrit contre lui, on ne pro-
noncera pas son nom sans respect, et sans
concévoir à ce nom l'idée d'un siècle éter-
nellement mémorable. Si l'on considère
ce prince dans sa vie privée, on le voit à
la verité trop plein de sa grandeur, mais
affable ; ne donnant point à sa mère de
part au gouvernement, mais remplissant
avec elle tous les devoirs d'un fils ; infidèle
à son épouse, mais observant à son égard
tous les dehors de la bienséance; bon père,
bon maître, toujours décent en public,

laborieux dans le cabinet, exact dans les affaires, pensant juste, parlant bien, et aimable avec dignité. » *(Siècle de Louis XIV.)*

~~~~~~~~~~~~~~~~~~~~~~~~~~

MONTÉCUCULLI,

GRAND CAPITAINE ITALIEN,

Né en 1608, et mort en 1680.

————————

RAYMOND DE MONTÉCUCULLI naquit en 1608, dans le Modénois, d'une famille distinguée, et porta les armes sous son oncle, *Ernest Montécuculli*, qui commandait l'artillerie de l'empereur. Il commença comme soldat, et n'obtint d'avancement qu'en méritant chaque grade par où il passa.

Le premier exploit remarquable du jeune Montécuculli fut de surprendre, en 1634, à la tête de deux mille cavaliers, dix mille Suédois qui assiégeaient Némeslau, en Silésie, de s'emparer de leur bagage et de leur artillerie ; mais peu de temps après il fut battu et fait prisonnier par le général Bannier. Sa captivité, qui dura deux ans, ne lui fut pas inutile ; il lut beaucoup, et ajouta des connaissances à ses dispositions naturelles et à ce qu'il avait d'expérience.

Devenu libre, il joignit ses troupes à celles de *Jean de Wert*, et défit en Bohême le général *Wrangel*, qui périt dans l'action. L'empereur le fit maréchal-de-camp-général en 1657, et l'envoya au secours de *Jean Casimir*, roi de Pologne. Montécuculli vainquit *Ragotzki*, prince de Transylvanie, chassa les Suédois, et se signala beaucoup contre les Turcs dans la Sylvanie et dans la Hongrie, en gagnant la bataille de Saint-Gothard, en 1664.

La guerre s'étant ensuite allumée entre la France et l'Empire, il fut mis, en 1663, à la tête des troupes destinées à arrêter les progrès des Français. La prise de Bonn, et la jonction de son armée avec celle du prince d'Orange, malgré Turenne et Condé, lui acquirent beaucoup de gloire, et arrêtèrent la fortune de Louis XIV. On lui ôta cependant le commandement de cette armée l'année suivante ; mais on le lui rendit en 1675, pour venir faire tête à Turenne. Montécuculli était seul digne d'être opposé à ce grand homme. « Tous deux, dit l'auteur du siècle de Louis XIV, avaient réduit la guerre en art. Ils passè-rent quatre mois à se suivre, à s'observer dans des marches et dans des campemens plus estimés que des victoires par les offi-ciers allemands et français. L'un et l'autre jugeait de ce que son adversaire allait tenter, par les marches que lui-même eût voulu faire à sa place, et ils ne se trom-pèrent jamais. Ils opposaient l'un à l'autre la patience, la ruse et l'activité. » Un bou-let de canon, qui tua le général français, mit fin à cette brillante scène. Montécu-culli rendit justice à son illustre émule, dit qu'*il ne pouvait s'empêcher de re-gretter un homme qui faisait tant d'hon-neur à l'humanité.* Le grand Condé lui fut ensuite opposé ; et ce prince, après avoir essuyé quelques pertes, arrêta le gé-néral impérial, qui ne laissa pas de re-garder cette dernière campagne comme la plus glorieuse de sa vie, non qu'il eût été vainqueur, mais pour n'avoir pas été vaincu, ayant à combattre Turenne et Condé.

Le reste de sa vie fut donné à des exercices plus doux. A la cour impériale, il prit plaisir à faire en quelque sorte rejaillir sa gloire sur des savans qu'il protégea, et qu'il attira près de lui. Ce fut à ses soins que l'on dut la fondation de *l'académie des Curieux de la Nature*. Ce héros mourut à Lintz, en 1680, âgé de soixante-douze ans.

~~~~~~~~~~~~~~~~~~~~~

TURENNE,

L'UN DES PLUS GRANDS GÉNÉRAUX FRANÇAIS,

Né en 1611, et mort en 1675.

———

Henri de la Tour, *vicomte de Turenne*, naquit à Sedan, de *Henri de la Tour d'Auvergne*, duc de Bouillon, et d'*Elisabeth de Nassau*, fille de

Guillaume Ier. de Nassau, prince d'O-
range. Sa jeunesse fit craindre qu'il ne
fût d'une trop faible complexion pour soutenir les fatigues de la guerre. Las d'entendre répéter ces craintes par ses parens,
il s'avisa, à l'âge de dix ans, de passer
une nuit d'hiver sur le rempart de la ville.
Comme il n'avait mis personne dans sa
confidence, on le chercha long-temps, et
on le trouva enfin endormi sur l'affût d'un
canon. Son éducation fut presque toute militaire : son inclination parut fortement dé-
cidée pour les armes : il ne lisait avec
plaisir que des relations de combats, et
ne pouvait quitter la vie d'Alexandre.
Maurice de Nassau, son oncle, et l'un des
plus grands généraux de son temps, fut
son premier maître dans l'art militaire.
Sorti de cette école, le jeune Turenne fut
mis à la tête d'un régiment français, en
1634, au siège de la Motte, ville de la
Lorraine. Le maréchal *de la Force*, qui
commandait les assiégeans, fit attaquer
un bastion qui devait décider du sort de la
place. *Tonniens*, son fils, chargé de cette
opération, échoua. Turenne, nommé pour

le remplacer, réussit par des coups de génie qui étonnèrent tout le monde. Ce succès eût pu lui faire un ennemi d'un autre que de la Force ; mais ce guerrier avait de la probité, et il rendit compte à la cour de tout ce qui s'était passé. Turenne, qui était né pour *honorer le genre humain*, sentit tout ce que valait un pareil procédé ; et son admiration pour le maréchal de la Force l'engagea à épouser par la suite sa fille.

En 1637, il fut chargé de réduire le château de Sobré, dans le Hainaut, et contraignit en peu d'heures une garnison de deux mille hommes à se rendre à discrétion. Les premiers soldats qui entrèrent dans la place, y ayant trouvé une très-belle femme, la lui amenèrent comme la plus précieuse portion du butin. Turenne, feignant de croire qu'ils n'avaient cherché qu'à la dérober à la brutalité de leurs compagnons, les loua beaucoup d'une conduite aussi honnête. Il fit aussitôt chercher son mari ; et la remit entre ses mains, en lui disant publiquement : *Vous devez à la retenue de mes soldats l'honneur de votre femme*. Il n'avait que 26 ans lorsqu'il donna cet exemple de modération, comparable à ceux qu'Alexandre et *Scipion* donnèrent à l'antiquité, et qui les mirent au-dessus même de leurs plus belles victoires : tant la vertu est encore plus admirable que le génie et la valeur !

En 1638 il prit Brisach, et l'année d'ensuite il fut envoyé en Italie, fit lever le siége de Casal, et servit beaucoup à celui de Turin, que le maréchal d'*Harcourt* entreprit par son conseil. Il avait été fait maréchal-de-camp dans sa vingt-troisième année ; à trente-deux ans, en 1644, il obtint le bâton de maréchal de France.

Ce fut alors qu'on lui confia, sous les ordres du grand Condé, l'armée d'Allemagne, qu'il remit en état à ses dépens. Il fut extrêmement utile dans cette campagne. Cependant Condé étant retourné à Paris, et lui ayant laissé le commandement général, il perdit la fameuse bataille de Mariendal ; mais, trois mois après, il contribua beaucoup au gain de la victoire de Norlingue. Il rétablit ensuite l'électeur de Trèves dans ses états. En 1646, il fit la célèbre jonction de l'armée française avec l'armée suédoise, commandée par le général Wrangel, après une marche de cent quarante lieues, et obligea le duc de Bavière à demander la paix. Lorsque ce prince eut rompu le traité qu'il avait fait avec la France, Turenne gagna contre lui la bataille de Zumartshausen, et le chassa entièrement de ses états.

Dans la guerre civile au sujet de Mazarin, Turenne entra d'abord dans le parti du parlement, et se retira ensuite en Hollande. Revenu en France, sur le refus que lui fit le cardinal, du commandement de l'armée d'Allemagne, il se tourna du côté des princes, et fut sur le point de les tirer de Vincennes. *Plessis-Praslin* le battit cependant en 1650, près de Rhétel. Les Espagnols n'en eurent pas moins de confiance en lui ; ils lui envoyèrent cent mille écus à compte sur ce qu'ils lui avaient promis. Turenne, averti que la liberté allait être rendue aux princes, renvoya cette somme, ne croyant point devoir prendre cet argent d'une puissance avec laquelle son engagement allait finir.

Ayant fait sa paix avec la cour, il se trouva alors contre Condé, qu'il poursuivit vivement aux combats de Jergeau, de Gien et
du faubourg Saint-Antoine. En 1654, il
fit lever aux Espagnols le siége d'Arras.
L'année suivante il prit Condé, Saint-
Guillain, et plusieurs autres places. Il gagna
ensuite la fameuse bataille des Dunes, et
s'empara de Dunkerque, d'Oudenarde et
de presque tout le reste de la Flandre ; ce
qui obligea les Espagnols à faire la paix des
Pyrénées, en 1660. Des services aussi
importans lui valurent la charge de maré-
chal-général des camps et armées du roi.
Ce fut en cette même année qu'il quitta le
calvinisme, qu'il avait toujours professé,
pour entrer dans l'église catholique.

Dans la guerre contre la Hollande, en
1672, il commanda l'armée française, prit
quarante villes en vingt-deux jours, chassa
jusque dans Berlin l'électeur de Brandebourg, gagna les batailles de Sientzheim,
de Ladembourg, d'Eusheim, de Mulhau-
sen et de Turckeim, et fit repasser le Rhin
aux Impériaux, qui avaient une armée de
soixante-dix mille hommes.

Toutes

Toutes ces actions consécutives, con-
duites avec tant d'art, si patiemment diri-
gées, exécutées avec tant de promptitude,
furent également admirées des Français et
des ennemis. La gloire de Turenne reçut
un nouvel accroissement, quand on sut que
tout ce qu'il avait fait dans cette campagne, il l'avait fait malgré la cour et malgré
les ordres réitérés de Louvois, qui avait la
bassesse de voir avec envie ses succès. Résister à Louvois tout-puissant, dit Voltaire,
et se charger de l'événement, malgré les
cris de la cour, les ordres de Louis XIV et
la haîne du ministre, ne fut pas la moindre
marque du courage de Turenne, ni le
moindre exploit de la campagne.

« Il faut cependant avouer, continue avec
sagesse le même écrivain, que ceux qui ont
plus d'humanité que d'estime pour les exploits de guerre, gémirent de cette campagne si glorieuse. Elle fut célèbre par
les malheurs des peuples, autant que par
les expéditions de Turenne. Après la bataille de Sientzheim, il mit à feu et à sang
le Palatinat, pays uni et fertile, couvert
de villes et de bourgs opulens. L'électeur

3.   S

Palatin vit du haut de son château de Man-
heim deux villes et vingt-cinq villages em-
brasés. Ce prince désespéré, défia Turenne
à un combat singulier, par une lettre pleine
de reproches. Turenne ayant envoyé la lettre au roi, qui lui défendit d'accepter le car-
tel, ne répondit aux plaintes et au défi de
l'électeur que par un compliment vague et
qui ne signifiait rien. C'était assez le style
et l'usage de Turenne, de s'exprimer toujours avec modération et ambiguïté.

» Il brûla avec le même sang - froid les
fours et une partie des campagnes de l'Al-
sace, pour empêcher les ennemis de subsister. Il permit ensuite à sa cavalerie de
ravager la Lorraine. On y fit tant de désordre, que l'intendant qui, de son côté,
désolait la Lorraine avec sa plume, lui écrivit, et lui parla souvent pour arrêter ces
excès. Il répondait froidement : *Je le ferai
dire à l'ordre.* Il aimait mieux être appelé *le père des soldats* qui lui étaient
confiés, que des peuples qui, selon les lois
de la guerre, sont toujours sacrifiés. Tout
le mal qu'il faisait paraissait nécessaire, et
sa gloire couvrait tout. »

Il est essentiel d'observer, pour l'excuse
de Turenne, qu'une partie de ces horreurs
doit être mise sur le compte de la cour : elle
ordonna au général l'incendie du Palatinat, et ce fut l'impitoyable Louvois qui si-
gna cet ordre atroce. Peut-être Turenne
aurait-il pu n'en exécuter qu'une partie ;
peut-être même eût-il été de sa gloire de
refuser d'en rien exécuter du tout, si la
nécessité ne l'y contraignait pas ; mais de
quelque manière qu'on envisage cette époque de sa vie, on y voit toujours une tache
considérable à sa gloire.

Enfin, le conseil de Vienne lui opposa,
dans *Montécuculli*, un rival digne de lui.
Les deux généraux étaient, après quatre
mois d'observation, prêts à en venir aux
mains, lorsque Turenne, en allant choisir
une place pour dresser une batterie, fut
tué d'un coup de canon, le 27 juillet 1675,
dans sa soixante-quatrième année.

Le boulet de canon qui le tua emporta
aussi le bras du lieutenant-général de
l'artillerie, Saint-Hilaire. Son fils pleurait
auprès de lui : *Ce n'est pas moi,* lui dit
Saint-Hilaire, *c'est ce grand homme*

qu'il faut pleurer ; paroles comparables
à tout ce que l'histoire a consacré de plus
héroïque, et le plus digne éloge de Turenne. Il est très-rare, dit Voltaire, que
sous un gouvernement monarchique, où
les hommes ne sont occupés que de leur
intérêt particulier, ceux qui ont servi la
patrie meurent regrettés du public ; cependant Turenne fut pleuré des soldats et des
peuples. Louis XIV sentit combien il perdait, et il fit rendre à sa mémoire les
honneurs qu'on accordait aux seuls princes du sang. Le corps de ce grand homme
fut enterré dans l'église de Saint-Denis,
et son mausolée s'éleva à côté de celui des
rois.

Pendant les horreurs de notre révolution, quelques-uns de ces misérables qui
profanaient le nom du peuple, furent remuer les cendres des princes, et ne respectèrent pas davantage celles de Turenne.
Ses restes furent, pendant quelque temps,
comme abandonnés. Le citoyen *Lenoir*,
conservateur du Muséum des antiquités
nationales, les recueillit, et leur éleva un
tombeau dans le jardin dépendant du Mu-

séum , près de ceux des Racine , Boileau , La Fontaine. Le premier consul fit transporter ces restes sacrés à l'église des Invalides , seul endroit qui leur convenait , et où les soldats , victimes des fureurs de la guerre , peuvent tous les jours rendre hommage à la mémoire de l'homme qui le mieux mérita leurs applaudissemens et leur amour.

« Turenne n'avait pas toujours eu de grands succès à la guerre; il avait été battu à Mariendal , à Rhetel , à Cambrai ; aussi disait-il qu'il avait fait des fautes ; et il était assez grand pour l'avouer. Il ne fit jamais de conquêtes éclatantes , et ne donna point de ces grandes batailles rangées , dont la décision rend quelquefois une nation maîtresse de l'autre; mais ayant toujours réparé ses défaites , et fait beaucoup avec peu , il passa pour le plus habile capitaine de l'Europe , dans un temps où l'art de la guerre était plus approfondi que jamais. De même , quoiqu'on lui eût reproché sa défection dans les guerres de la Fronde ; quoiqu'à l'âge de près de soixante ans l'amour lui eût fait révéler le secret

3

de l'état; quoiqu'il eût exercé dans le Palatinat des cruautés qui n'étaient pas nécessaires, il conserva la réputation d'un
homme de bien, sage et modéré, parce
que ses vertus et ses grands talens, qui
n'étaient qu'à lui, devaient faire oublier
des faiblesses et des fautes qui lui étaient
communes avec tant d'autres hommes.
(*Siècle de Louis XIV.*)

La vie de Turenne est semée de traits
qui, sous le rapport de l'humanité, lui
font encore plus d'honneur que ses grands
talens militaires. Pendant la guerre de la
Hollande, un officier-général lui proposa
un gain de quatre cent mille francs, dont
la cour ne pouvait rien savoir : *Je vous
suis fort obligé,* répondit cet homme
vertueux; *mais comme j'ai souvent trouvé
de ces occasions, sans en avoir profité, je ne crois pas devoir changer de
conduite à mon âge.* A peu près dans
le même temps, une ville fort considérable
lui offrit cent mille écus pour qu'il ne
passât point sur son territoire : *Comme
votre ville,* dit-il aux députés, *n'est
point sur la route où j'ai résolu de faire*

*marcher l'armée, je ne puis pas en
conscience prendre l'argent que vous
m'offrez.* Sa générosité égalait son désintéressement. Il vendit une fois jusqu'à son
argenterie pour payer les troupes. Non
content de parler en père aux soldats,
il leur distribuait volontiers de l'argent.
Quand il n'en avait plus sur lui, il en em-
pruntait du premier officier qu'il rencontrait, et le renvoyait à son intendant pour
être payé. Celui-ci, soupçonnant qu'on
exigeait quelquefois plus qu'on n'avait
prêté à son maître, lui insinua de donner
à l'avenir des billets de ce qu'il emprun-
tait. *Non, non,* dit Turenne; *donnez
tout ce qu'on vous demandera : il n'est
pas possible qu'un officier aille vous
demander une somme qu'il n'a pas prê-
tée ; à moins qu'il ne soit dans un extrême besoin; et, dans ce cas, il est juste
de l'assister.* Il n'était cependant pas très-
riche. Remarquant plusieurs régimens fort
délabrés, et s'étant secrètement assuré
que le désordre venait de la pauvreté, et
non de la négligence des capitaines, il
leur distribua les sommes nécessaires pour

4

l'entier rétablissement des corps. Il ajouta à ce bienfait l'attention délicate de laisser croire qu'elles venaient du roi. Un officier était au désespoir d'avoir perdu dans un combat deux chevaux, que la situation de ses affaires ne lui permettait pas de remplacer: Turenne lui en donna deux des siens, en lui recommandant fortement de n'en rien dire à personne : *Car, ajouta-t-il, d'autres viendraient m'en demander, et je ne suis pas en état d'en donner à tout le monde.* Cet homme modeste voulait cacher sous un air d'économie le mérite d'une bonne action.

Mais ce qui doit le plus ajouter au respect que nous portons à la mémoire de ce grand capitaine, c'est qu'il fut avare des fatigues et du sang de ses soldats. Il ne pensait point, comme tant de généraux qu'on ne peut appeler que d'illustres scélérats, que pour le moindre avantage, ou seulement pour sa propre gloire, on doive sacrifier la vie des hommes. *Il faut trente ans pour faire un bon soldat,* disait-il ; et il ne livrait un combat que lorsque la nécessité l'exigeait. Condé, qui n'avait point sa vertu , disait , par une dérision horrible, pour excuser la boucherie de Senef : *Bon ! c'est tout au plus une nuit de Paris.* Condé, dans ce cas , parlait en *brigand* , et Turenne en honnête homme. Qu'on nous pardonne cette réflexion. C'est bien assez que la fausse grandeur coûte des larmes à l'humanité , sans qu'elle force encore l'opinion sévère à lui donner des louanges.

LAMOIGNON,

MAGISTRAT VERTUEUX,

Né en 1607 , et mort en 1677.

Ce n'est point une vaine noblesse qui distingua la famille des Lamoignons , c'est la vertu , et sur tout une justice qui ne connut jamais la faiblesse. Cette famille a produit plusieurs hommes célèbres, dont le mérite , quelque grand qu'il fût , resta encore au-dessous de la probité. Tous furent attachés avec sincérité à la

5

patrie , et ne virent rien de plus honorable que de travailler à son bonheur et à sa gloire. *Guillaume de Lamoignon*, né en 1607, est un de ceux qui brillèrent d'un plus grand éclat. Il fut reçu conseiller au parlement de Paris en 1635 , maître des requêtes en 1644 ; en 1658 il devint premier président du parlement. Mazarin, à cette occasion, lui dit ces belles paroles, qui auraient dû sortir d'une autre bouche : *Si le roi avait connu un plus homme de bien et un plus digne sujet , il ne vous aurait pas choisi.* On avait offert au roi une somme considérable pour cette place: *Quelque besoin , dit Mazarin, que le roi ait d'argent , il vaudrait mieux encore qu'il donnât cette somme pour avoir un bon premier président , que de la recevoir.*

Lamoignon , placé par la cour à la tête d'un des corps les plus respectables de la nation, n'en éleva pas moins sa voix en faveur du peuple , et fit son devoir même contre son intérêt. Il en donna une belle preuve dans le fameux procès du surintendant *Foucquet*. Il fut mis d'abord à la

tête d'une chambre de justice pour faire
le procès à ce ministre, contre lequel
Louis XIV était extrêmement irrité. Plus
le roi mettait de chaleur dans cette affaire, plus Lamoignon sentit qu'il devait
y mettre de modération. Il fit donner à
Foucquet un conseil libre. *Colbert*, le
plus ardent persécuteur du surintendant,
voulut sonder les dispositions de Lamoignon. Celui-ci lui répondit avec cette fermeté qui ne connaît que la justice : *Un*
juge ne dit son avis qu'une fois, et c'est
sur les fleurs de lis. Cette belle réponse
en eût frappé un autre que Colbert; le
ministre, qui n'écoutait que sa passion,
loin d'admirer un homme vertueux, devint son ennemi, et porta Louis XIV à
montrer son mécontentement à un magistrat qui faisait son devoir. Lamoignon,
qui méritait un autre prix, fut sensible à
cette conduite du chef du gouvernement;
il rapporta au roi les provisions de sa
charge, et ne craignit point de lui dire
des vérités qu'il avait besoin d'entendre.
Louis XIV, malgré ses défauts, avait
une véritable grandeur d'ame; il n'accepta

6

point la démission de Lamoignon, et répara par ces paroles obligeantes qui lui
étaient naturelles, ce qu'il avait dit de
désagréable au premier président.

A cette fermeté, on serait peut-être
tenté de croire que quelques raisons par-
ticulières faisaient pencher Lamoignon en
faveur de Foucquet ; loin d'avoir eu à se
louer du surintendant, il n'en avait au
contraire reçu que des sujets de s'en plaindre. Foucquet, qui sans doute n'était pas
assez vertueux pour l'apprécier, le fit
prier d'oublier ses torts. *Dites-lui,* répondit Lamoignon, *que je me souviens
seulement qu'il fut mon ami, et que je
suis son juge.* Il se déchargea néanmoins
insensiblement de la commission de juger
un homme qu'il croyait au moins coupable
de péculat, mais contre lequel on montrait
un acharnement qui pouvait rendre son
jugement suspect au public. Si ce fut là
sa raison, il n'est pas tout-à-fait sans
tort ; sa fermeté était alors nécessaire à
l'accusé, et il devait moins craindre de
remplir avec justice son devoir, que de
porter la plus légère atteinte à sa répu-

tation : le temps l'aurait facilement jus-
tifié.

Ce magistrat était convaincu de toute
l'importance de ses devoirs, et ne se livrait jamais au repos tant qu'il lui en restait un seul à remplir. Lorsqu'on lui con-
seillait de se ménager, il répondait : *Ma
santé et ma vie ne sont pas à moi, mais
au public.* Quoiqu'austère dans sa conduite, personne n'était plus doux que
lui quand quelque infortuné venait réclamer sa justice : *Et pourquoi*, disait-il
en parlant des plaideurs, *ajouter au
malheur qu'ils ont d'avoir des procès,
celui d'être mal reçus de leurs juges ?
Nous sommes établis pour examiner
leurs droits, et non pour éprouver leur
patience.*

Cette douceur ne lui faisait point cependant supporter rien qui blessât le respect dû à sa place et au corps qu'il prési-
dait. *Saintot*, maître de cérémonies, ayant,
dans un lit de justice, salué les évêques
avant le parlement, le premier président
lui dit : *Saintot, la cour ne reçoit point
vos civilités.* Le roi observa aussitôt qu'il

appelait le maître des cérémonies *Monsieur Saintot. Sire*, répliqua Lamoignon,
*votre bonté vous dispense quelquefois
de parler en maître ; mais votre parlement doit toujours vous faire parler en
roi.*

Ce vertueux magistrat employait ses
loisirs d'une manière qui l'honorait encore ; il les donnait aux charmes de la littérature. Les grands hommes qui faisaient
la gloire des lettres se rendaient chez lui
comme dans un temple des Muses. *Racine, Boileau, Bourdaloue*, étaient ceux
qu'il voyait avec plus de plaisir. Enfin, la
France, les lettres et les gens de bien le
perdirent en 1677, dans sa soixantième
année. Il eut deux fils qui furent sages et
vertueux comme lui.

Chrétien - François, l'aîné, avait
sur - tout cette fermeté qui caractérisa le
père. Des personnes considérables lui ayant
confié un dépôt important de papiers, la
cour en fut instruite, et un secrétaire d'état
lui écrivit que le roi voulait savoir ce que
contenait ce dépôt. Le généreux magistrat
répondit : Je n'ai pas de dépôt ; et si j'en

avais un, l'honneur exigerait que ma réponse fût la même. Lamoignon mandé à la cour, parut devant Louis XIV, en présence du secrétaire d'état; il supplia le roi de vouloir bien l'entendre en particulier. Il lui avoua pour lors qu'il avait un dépôt de papiers, et l'assura qu'il ne s'en serait jamais chargé, si ces papiers eussent contenu quelque chose de contraire au bien de l'état. *Votre majesté*, ajouta-t-il, *me refuserait son estime si j'étais capable d'en dire davantage. Aussi*, dit le roi, *vous voyez que je n'en demande pas davantage; je suis content.* Le secrétaire d'état rentra dans ce moment, et dit au roi : Sire, je ne doute pas que M. de Lamoignon n'ait rendu compte à votre majesté des papiers qui sont entre ses mains. *Vous me faites là*, dit le roi, *une belle proposition, d'obliger un homme d'honneur à manquer à sa parole!* Puis, se tournant vers Lamoignon : *Monsieur*, ajouta-t-il, *ne vous désaisissez de ces papiers que par la loi qui vous a été imposée par le dépôt.* Cette anecdote, qui offre un rare exemple de fer-

moté , en honorant le magistrat qui y a
donné lieu , ajoute un beau trait de plus
au portrait de Louis XIV.

Chrétien de Lamoignon était aussi dé-
sintéressé que courageux : on proposa à la
cour de récompenser son mérite par une
pension de six mille livres ; on fut ensuite
six mois sans en parler. Louis XIV s'en
souvint , et lui dit un jour : *Vous ne me
parlez pas de votre pension ? Sire* , répondit Lamoignon , *j'attends que je l'aie
méritée. A ce compte* , répliqua le roi ,
je vous dois des arrérages. Et la pension
fut accordée sur-le-champ , avec les intérêts , à compter du jour où elle avait été
proposée. Ce magistrat aima , comme son
père , les lettres , et rechercha ceux qui les
cultivaient avec distinction.

DUQUESNE,

CÉLÈBRE MARIN FRANÇAIS,

Né en 1610, et mort en 1688.

*A*BRAHAM *MARQUIS DUQUESNE*, né en Normandie en 1610, d'un capitaine de vaisseau, apprit sous son père le métier de la guerre sur mer, et se distingua en plusieurs occasions. Il jouissait déjà d'une grande réputation lorsqu'il passa, en 1644, au service de la Suède. Il y fut fait major de l'armée navale, puis vice-amiral. Trois ans après il fut rappelé en France, et destiné à commander l'escadre envoyée à l'expédition de Naples. Comme la marine de France était fort déchue de son premier lustre, il arma plusieurs navires à ses dépens, en 1650. Ce fut avec sa petite flotte qu'il obligea Bordeaux révolté à se rendre.

Mais les principaux exploits de Duquesne furent contre *Ruyter*, le plus illustre marin des Hollandais. Il vainquit dans trois batailles les flottes de Hollande et d'Espagne réunies. Ruyter fut tué dans le second combat. Ainsi Duquesne l'emporta sur le plus grand homme de mer connu alors en Europe. Ce fut pour lui la source d'une gloire immortelle.

L'Asie et l'Afrique furent aussi témoins de sa valeur. Les vaisseaux de Tripoli, qui était alors en guerre avec la France, se retirèrent dans le port de Chio, sous une des principales forteresses du Grand-Seigneur, comme dans un asyle assuré. Duquesne alla les foudroyer avec une escadre de six vaisseaux; et, après les avoir tenus bloqués long-temps, il les obligea à demander la paix à la France. Alger et Gênes furent de même forcés, par ses armes, à implorer la clémence de Louis XIV. Enfin il fit sur mer, pour la France, ce que Turenne, Condé et nos plus grands généraux faisaient sur terre.

Mais tant de services et de gloire furent peu dignement récompensés : Louis XIV lui refusa les honneurs et les titres qu'il méritait, parce que ce grand homme était calviniste. « *Sire*, répondit-il, *quand j'ai combattu pour vous , je n'ai point songé que vous étiez d'une autre religion que moi.* On se contenta de lui donner la terre du Bouchet, que l'on érigea en marquisat. Il fut inhumé dans cette terre , sur le revers d'un fossé. Son fils aîné , qui fut, pour cause de religion , obligé de se réfugier en Suisse , emporta les ossemens de son père , et les enferma dans un monument sur lequel on grava ces mots : *La Hollande a fait ériger un mausolée à Ruyter , et la France a refusé un peu de terre à son vainqueur.*

~~~~~~~~~~~~~~~~

LESUEUR,

CÉLÈBRE PEINTRE FRANÇAIS,

Né en 1617 , et mort en 1655.

EUSTACHE LESUEUR naquit à Paris, en 1617, et étudia la peinture sous *Simon Vouet* avec *Lebrun*, qui fut bientôt jaloux du grand talent qu'il lui vit développer. Lesueur ne fut jamais en Italie pour y étudier les chefs-d'œuvre de son art ; mais la nature lui avait donné un tel génie pour la peinture , qu'il s'éleva jusqu'au sublime. Il sut faire passer dans ses ouvrages la noble simplicité et les graces majestueuses qui sont le principal caractère de Raphaël; il ne lui a manqué, pour être parfait , que le pinceau de l'école vénitienne. Ses idées sont élevées, ses expressions admirables et ses attitudes bien contrastées. Sa facilité à peindre était étonnante. Ses chefs - d'œuvre sont une suite de tableaux représentant l'histoire de St.-Bruno , destinés à orner le petit cloître des Chartreux. L'envie , qui s'attache à tous les grands hommes , porta en secret une main criminelle sur quelques-uns de ces beaux ouvrages , et les gâta : on ignora toujours l'auteur de cette atrocité. Lebrun qui , rival de talent , aurait dû être son ami , frémissait de jalousie au nom seul de ce peintre , qui eût été le plus grand de notre nation , s'il eût vécu assez de temps pour donner tout ce que son génie promettait. Il mourut en 1655 , dans sa trente-huitième année : on soupçonna que le poison avait abrégé ses jours. C'était un homme d'une simplicité de caractère et d'une candeur qui n'annonçaient pas à grand bruit ses talens, mais qui les rendaient plus respectables, quand on avait su les remarquer à côté de sa modestie. Sa probité, et la belle idée qu'il avait de son art, ne lui permirent jamais de mettre en pratique les intrigues, qui avancent toujours la réputation et la fortune d'un artiste, sans jamais rien ajouter à son talent : il attendit qu'on lui rendît justice ; et Lebrun, qui avait moins de délicatesse et plus d'ambition, lui enleva presque toutes les occasions de se signaler.

SIDNEY,

VRAI RÉPUBLICAIN ANGLAIS,

Né en 1617, et mort en 1683.

*A*LGERON *S*IDNEY, fils de *Robert*, comte de Leicester, se distingua dans les troubles d'Angleterre, par son ardent et véritable républicanisme. Il voulait qu'on bannît l'autorité absolue, et que les rois dépendissent des lois, ainsi que les peuples. Il développa ses idées à ce sujet, dans un ouvrage intitulé *Traité du Gouvernement*.

Sa conduite répondit à ses principes, ainsi que cela doit être dans tout honnête homme. Il porta les armes, et fut colonel dans l'armée du parlement. Il fit la guerre à *Charles Ier.*, non pour servir un parti, non pour plaire à des fanatiques, mais pour la liberté de sa patrie. Quand Cromwel, qui n'était qu'un hypocrite, eut fait répandre le sang du roi pour s'emparer de la puissance souveraine, et montrer à l'Angleterre seulement un nouveau maître plus dur que l'ancien, Sidney, qui vit avec douleur la liberté perdue, posa les armes et se retira, ne voulant point autoriser, par la présence d'un homme vertueux, la tyrannie d'un fourbe.

Après la mort du protecteur, il eut l'imprudence de rentrer en Angleterre : il avait obtenu une amnistie particulière. Désabusé par la faiblesse et la corruption des hommes, de ses premiers desirs de liberté, il ne demandait plus qu'à mourir en repos dans cette patrie qu'il aimait encore plus que lui-même ; mais Charles II ne put oublier qu'il avait été le plus inflexible ennemi des rois, il le fit mettre en jugement, et trouva des juges assez corrompus pour condamner un homme innocent du crime dont on l'accusait, et qui s'était confié dans le pardon qu'on lui avait accordé. On le jugea comme coupable d'avoir conspiré contre Charles II, et comme l'on n'avait aucune preuve de cette conspiration chimérique, on en chercha dans ses anciens écrits, même dans ceux qui n'étaient pas publiés, et cela pour prouver un crime actuel. Il fut condamné à être pendu et écartelé : on commua cependant la sentence, et il n'eut que la tête tranchée, en 1683, dans sa soixante-sixième année. *Jeffreys,* son juge et son ennemi personnel, en lui annonçant son jugement d'un ton de mépris, l'exhortait à subir son sort avec résignation. *Tiens,* lui dit aussitôt Sidney, *tâte mon pouls, et vois si mon sang est agité!* Le calme ne le quitta point jusqu'au dernier moment. Sa mort ne fit que donner un nouveau lustre à sa mémoire, et on l'a surnommé le *Brutus anglais.*

FIN DU TROISIÈME VOLUME.

De l'Imprimerie de B. IMBERT, Cloître Notre-Dame, n°. 35.

TABLE
DES NOMS

CONTENUS DANS LE TROISIÈME VOLUME.

Fin de la Table du troisième Volume.

...idrait-il pas encore un peuple qui n'au-
: pas le degré de civilisation des peuples
urope ? Ne ferait-elle plus partie de
umanité la nation qui serait déchue du
it où les arts et les sciences l'auraient
tée ?.

Ce qu'un obstacle insurmontable rend
ossible, ne le deviendrait pas davan-
quand vingt obstacles de plus s'y op-
araient. D'...

porté à croire universell
tribus qui n'ont pas assez
opposer un vêtement de
aux rigueurs des frimats.
surnomme libre, policé, p
aux pieds l'Indien paisibl
des fables religieuses, rest
plus douce et plus humai
leure à laquelle puissent

www.ingramcontent.com/pod-product-compliance
Lightning Source LLC
Chambersburg PA
CBHW060947220326
41599CB00023B/3614